由广东外语外贸大学社会与公共管理学院、
广东省社会组织研究中心资助出版

国际安全社区建设
基本要求与典型示范

毛国民　陈文涛　著

U0396336

华南理工大学出版社
SOUTH CHINA UNIVERSITY OF TECHNOLOGY PRESS
·广州·

图书在版编目（CIP）数据

国际安全社区建设基本要求与典型示范 / 毛国民，陈文涛著.—广州：华南理工大学出版社，2019.12

ISBN 978 - 7 - 5623 - 6210 - 4

Ⅰ.①国…　Ⅱ.①毛…　②陈…　Ⅲ.①社区安全　Ⅳ.①X956

中国版本图书馆 CIP 数据核字（2019）第 277524 号

Guoji Anquan Shequ Jianshe Jiben Yaoqiu yu Dianxing Shifan

国际安全社区建设基本要求与典型示范

毛国民　陈文涛　著

出 版 人：卢家明

出版发行：华南理工大学出版社

（广州五山华南理工大学17号楼，邮编510640）

http://www.scutpress.com.cn　E-mail: scutc13@scut.edu.cn

营销部电话：020-87113487　87111048（传真）

策划编辑：罗月花

责任编辑：兰新文　杨小丽

印 刷 者：广州商华彩印有限公司

开　　本：787 mm×960 mm　1/16　印张：9　字数：185 千

版　　次：2019 年 12 月第 1 版　2019 年 12 月第 1 次印刷

印　　数：1～1000 册

定　　价：68.00 元

目　录

1 概述

1.1 意外伤害流行状况

　　"伤害"为损伤、伤害或丧失，可以理解为"突然发生的各种事件或事故造成了人体的损伤或功能丧失"，包括各种物理、化学和生物因素。国际疾病分类已将意外伤害单列为一类，其中包括交通事故、窒息、溺水、触电、自杀、中毒、暴力等大类。伤害有时不单单指身体上的伤害，有时也用来表示心理或精神上的伤害。伤害是一个严重威胁人群健康的、世界性的、重要的公共卫生安全问题。无论在发达国家还是发展中国家，伤害的发病率、致残率和死亡率都高居不下，伤害导致的死亡占全球人口死亡的9%，每年有超过500万人因伤害而死亡（1人死亡对应的12人次住院治疗和200人次的门诊），是威胁人们健康的主要疾病之一。随着社会经济的发展，城市化和工业化进程的加快以及人口数量的增加和年龄结构的改变，伤害的威胁将会呈持续上升的趋势，而在不少地区对事故伤害导致的巨大医疗、社会和经济损失的认识还不够，预防暴力和伤害的努力和严重的形势不相匹配和对应。

　　据WHO估计，1990—2020年，全世界由伤害造成的死亡将会增加65%，达到840万。世界卫生组织发布的2008年世界卫生统计资料显示，在未来的几十年中伤害对人们健康的威胁会逐步增加，如表1-1所示。从表中可以看出，2004年在全球死亡原因排位前25位原因中，与伤害有关的条目有3条，分别是：道路交通事故、自我伤害、暴力冲突；对2030年的预测显示，道路交通事故、自我伤害和暴力冲突的排位仍在前25位，但是它们的具体排位却大大提前。

表1-1　全球2004与2030年主要死亡原因比较

2004年			2030年		
疾病或伤害	死因构成比	排位	排位	死因构成比	疾病或伤害
缺血性心脏病	12.2	1	1	14.2	缺血性心脏病
脑血管疾病	9.7	2	2	12.1	脑血管疾病

续上表

2004年			2030年		
疾病或伤害	死因构成比	排位	排位	死因构成比	疾病或伤害
下呼吸道感染	7.0	3	3	8.6	慢性阻塞性肺病
慢性阻塞性肺病	5.1	4	4	3.8	下呼吸道感染
腹泻类疾病	3.6	5	5	3.6	道路交通事故
HIV/AIDS	3.5	6	6	3.4	气管、支气管、肺癌
结核病	2.5	7	7	3.3	糖尿病
气管、支气管、肺癌	2.3	8	8	2.1	高血压性心脏病
道路交通事故	2.2	9	9	1.9	胃癌
早产和低出生体重	2.0	10	10	1.8	HIV/AIDS
新生儿感染	1.9	11	11	1.6	肾炎和肾病
糖尿病	1.9	12	12	1.5	自我伤害
疟疾	1.7	13	13	1.4	肝癌
高血压性心脏病	1.7	14	14	1.4	结肠和直肠癌
出生窒息和损伤	1.5	15	15	1.3	食管癌
自我伤害	1.4	16	16	1.2	暴力冲突
胃癌	1.4	17	17	1.2	老年痴呆和其他痴呆
肝硬化	1.3	18	18	1.2	肝硬化
肾炎和肾病	1.3	19	19	1.1	乳腺癌
结肠和直肠癌	1.1	20	20	1.0	结核病
暴力冲突	1.0	21	21	1.0	新生儿感染和其他
乳腺癌	0.9	22	22	0.9	早产和低出生体重
食道癌	0.9	23	23	0.9	腹泻类疾病
老年痴呆和其他痴呆	0.8	24	24	0.7	出生窒息和损伤
			25	0.4	疟疾

　　在西太平洋地区，伤害是5～49岁年龄人群死亡的首位原因，暴力和伤害比糖尿病、腹泻、艾滋病、疟疾、呼吸感染、结核病等导致的死亡人数总和还要多。在西太平洋区，暴力和伤害每年造成至少100万人死亡，交通伤害（33%）、跌倒坠

落（14%）、淹溺（8%）、中毒（4%）、暴力（4%）和烫伤（2%）等超过中等和发达国家意外伤害死亡的85%。

我国2007年发布的《中国伤害预防报告》指出，我国最为常见的伤害主要有交通运输伤害、自杀、溺水、中毒、跌落等，导致的死亡案例占全部伤害死亡的7成左右。据卫生部统计资料数据显示，我国1995—2008年主要意外伤害类型死亡率见表1-2。

表1-2　1995—2008年中国主要伤害类型的死亡率（1/10万）

类别	1995	1998	2000	2003	2005	2006	2007	2008
总伤害	60.89	58.77	56.53	52.08	52.55	52.27	54.72	54.89
道路交通伤害	15.20	16.91	16.30	16.10	14.75	12.56	14.53	14.01
自杀	18.27	17.31	16.50	14.13	13.88	10.11	10.07	9.49
意外跌落	7.99	6.07	6.55	6.30	6.42	7.44	7.42	7.41
溺水	5.55	5.20	5.02	4.88	6.66	4.51	4.36	4.36
意外中毒	2.80	3.87	3.11	2.42	2.82	2.81	2.68	2.98

1.1.1　交通事故

道路交通伤害是全球第八大死因，而且是15～29岁年轻人的主要死因。如不采取紧急行动，到2030年，道路交通伤害将上升为全球第五大死因。根据对全球道路伤害成本作出的估计，每年道路交通事故的经济成本大约为5180亿美元。超速，酒后驾驶、未使用或不合理使用安全头盔、安全带和儿童约束装置是最影响交通安全的5个突出问题。2013年5月，世界卫生组织发布的《道路安全全球现状报告》显示，全世界每年有124多万人死于各类道路交通事故，这一数字使得道路交通伤害成为全球第八大死因，以及15～29岁年轻人的主要死因，在所有道路交通死亡中，27万多人为行人，占全体交通死亡总数的22%，包括儿童和成年人在内的男性均在行人碰撞中占大多数。

在西太平洋地区，道路交通伤害是伤害死亡的首要原因，每年导致超过337 000人员死亡，导致50岁以上人群死亡事故中，交通碰撞事故明显多于其他事故，也导致3%的GDP损失。交通事故死亡是我国意外伤害的主要死因，当时的国家安全生产监督管理总局（2018年3月后，因机构改革，组建为"应急管理部"）、交通运输部发布的研究报告指出，2016年我国道路交通事故864.3万起，其中涉及人员伤亡的道路交通事故212 846起，造成63 093人死亡、226 430人受伤，直接财产损失 12.1 亿元。根据我国公安部门的报告，2000—2005 年全国每年交通事故死亡人数在 10 万人左右，成为世界上因交通事故死亡人数最多的国家之一。2009 年，中国汽车保有量约占世界汽车保有量的 3%，但交通事故死亡人数却占世界交通事故总死亡人数的 16%。2009 年，全国共发生道路交通事故造成 67 759 人死亡、27.5 万人受伤，直接财产损失 9.1 亿元；2010 年和 2011 年，交通事故造成死亡人数分别是 65 225 人和 62 387 人，已经连续十余年居世界第一。

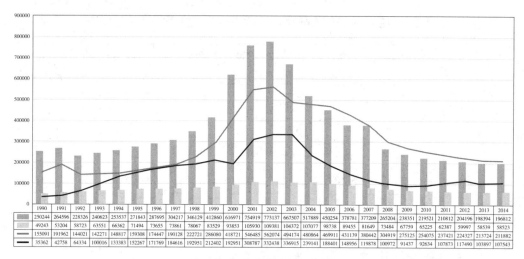

图 1-1 我国 1990—2014 年交通事故情况

据统计，全球每年有 1 000 万儿童因交通事故受伤或者致残。2015 年发布的《中国儿童道路交通伤害状况研究报告》显示：道路交通伤害已成为我国 0～17 岁儿童伤害致死的第二位原因。2013 年，全国涉及儿童道路安全事故共计 19 620 起，导致儿童死亡的事故 3 749 起，共导致 3 994 名儿童因道路交通事故死亡，17 955 名儿童因道路交通事故受伤。

1.1.2 火灾

根据世界火灾统计中心以及欧洲共同体研究的结果，大多数发达国家每年火灾损失占国民经济总产值 2‰左右，而整个火灾代价约占 1%。根据联合国世界火灾统计中心提供的材料，全球每年共发生火灾 600 万～700 万起，有 65 000～

75 000 人死于火灾，其中住宅火灾约占 80 %，住宅火灾中死亡的人数占火灾死亡总人数的一半以上。我国 10 余年来火灾起数、死亡人数、伤亡人数及火灾直接经济损失的分布状况如图 1-2 所示。从图上可以看出，近年来我国火灾事故呈下降趋势，但我国火灾形势仍然严峻，防火任务仍然艰巨。

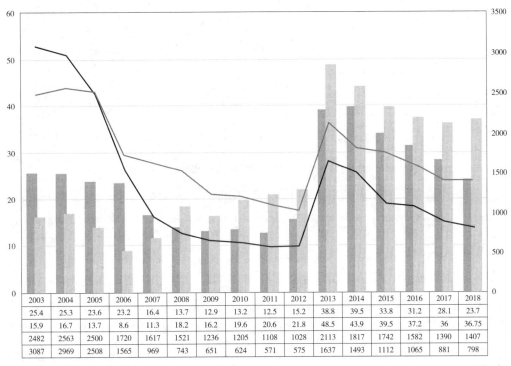

	2003	2004	2005	2006	2007	2008	2009	2010	2011	2012	2013	2014	2015	2016	2017	2018
	25.4	25.3	23.6	23.2	16.4	13.7	12.9	13.2	12.5	15.2	38.8	39.5	33.8	31.2	28.1	23.7
	15.9	16.7	13.7	8.6	11.3	18.2	16.2	19.6	20.6	21.8	48.5	43.9	39.5	37.2	36	36.75
	2482	2563	2500	1720	1617	1521	1236	1205	1108	1028	2113	1817	1742	1582	1390	1407
	3087	2969	2508	1565	969	743	651	624	571	575	1637	1493	1112	1065	881	798

■ 火灾事故起数（万起）

■ 火灾事故直接财产损失（亿元）

── 火灾事故死亡人数

── 火灾事故伤亡人数

图 1-2　我国 2003 — 2018 年火灾事故情况

1.1.3　工矿商贸工伤事故

2017 年 9 月 3 — 6 日，第 21 届世界职业安全健康大会在新加坡召开，会上公布的最新研究结果表明，全球每年因工作相关事故伤亡和职业病相关造成的经济损失多达 268 万亿欧元，占全球每年 GDP 的 3.9%。此外，我国官方的统计表明，各种安全事故已成为我国职工意外伤亡的"头号杀手"。近年来，随着安全生产体制机制不断健全，监管措施逐步加强，安全生产形势总体稳定，我国工伤死亡人数呈下降趋势。

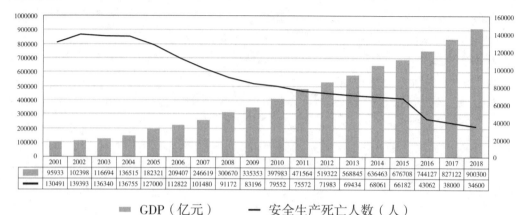

	2001	2002	2003	2004	2005	2006	2007	2008	2009	2010	2011	2012	2013	2014	2015	2016	2017	2018
▓	95933	102398	116694	136515	182321	209407	246619	300670	335353	397983	471564	519322	568845	636463	676708	744127	827122	900300
─	130491	139393	136340	136755	127000	112822	101480	91172	83196	79552	75572	71983	69434	68061	66182	43062	38000	34600

▓ GDP（亿元） ── 安全生产死亡人数（人）

图1-3　我国2001—2018年GDP和安全生产死亡人数

（2016年起，当时的国家安全生产监督管理总局对生产安全事故统计制度进行改革，由于排除了非生产经营领域的事故，事故统计口径发生变化，数据同比按照可比口径计算。）

我国安全生产形势的一个重要原因就是安全生产基层基础工作总体还比较薄弱。诸如，安全生产宣传教育还不够深入，社会公众安全意识总体还比较淡薄。随着经济社会快速发展，生产经营活动日益活跃，公共安全基础设施和装备建设相对滞后。大部分高危行业中小企业占比过大，机械化、自动化程度低，从业人员素质普遍不高。一些地方和企业存在预案不完善、救援不科学、应急能力不足等突出问题，因风险研判不准、处置措施不当导致事故衍生、伤亡扩大的现象屡有发生；必须夯实支撑安全发展的基层基础工作，建立一个综合系统防范体系，把有效的事故防治策略和具体措施落实到社区基层的层面来加以解决。

1.1.4　跌倒

世界卫生组织报告指出，全球每年有30余万人死于跌倒，其中一半是60岁以上老人。随着老龄化社会的快速发展，跌倒成为意外伤害的第二位死因，每年西太平洋地区142000起致死跌落伤害中，67%发生在60岁以上老年人群体，5岁以下儿童和15～29岁人群的跌倒致死伤害分别占总数的1.8%和5.4%。

在我国，跌倒已成为65岁以上老年人伤害死亡的"头号杀手"。跌倒严重威胁着老年人的健康，老年人在跌倒骨折后，通常需要长期卧床，并产生一系列的并发症，造成身体功能直线下降，甚至危及生命。我国目前65岁以上的老年人已达1.5亿。依据30%发生概率估算，我国每年有4 000万老人跌倒的风险；2012年全国疾病监测系统死因监测结果显示：65岁及以上老年人跌倒死亡率为45.72/10万，因跌倒死亡是65岁及以上人群因伤害致死的第一位死因，占该人群因伤害死亡总数的29.85%。

中国疾控中心2013年度全国伤害监测数据显示，60岁以上老年人一半以上跌倒是因穿鞋不当造成的，占到55.17%。而因跌倒造成骨折的老年人，占全部病例的30.24%。跌倒后老年人的身体容易加速衰竭，引起肺栓塞、免疫力失调、抑郁等并发症。2014年，北京市疾控中心公布的抽样调查结果显示：60～69岁老年人每年跌倒发生率为9.8%，70～79岁为15.7%，80岁以上为22.7%，每增长10岁，跌倒发生率会升高0.5倍左右。

1.1.5 淹溺

溺水成为世界每个地区儿童或者年轻人的十大主要死因之一。世界卫生组织2014年11月发表报告《全球溺水报告：预防一个主要杀手》显示，全世界每年有37.2万人溺水死亡，其中90%的溺水事件发生在低收入和中等收入的国家。据保守估算，每天每个小时就有40人因溺水而丧失生命。在西太平洋地区，淹溺是第三位主要死因，估计每年导致81 000人死亡。淹溺尤其影响年轻人，在溺水死亡总数中，超过30%以上的是15岁以下的年轻人。世卫组织表示，很多儿童在没有人注意的情况下滑入水塘、游泳池或者井里以及青少年因为酒精或者毒品的原因而去游泳，最后溺水而亡。

1.1.6 自杀

自杀是指个体在复杂心理活动作用下，蓄意或自愿采取各种手段结束自己生命的行为。世界卫生组织于2014年9月公布首份关于自杀行为的报告《预防自杀：一项全球要务》，表明每年有超过80万人死于自杀，多数为男性。自杀死亡人数已经超过战争和自然灾害致死人数之和，相当于每40秒就有1人自杀。自杀是15～29岁人群死亡的第二大主要原因；年龄在70岁以上的人群自杀率最高；约75%的自杀行为发生在中低收入国家；在高收入国家，自杀的男性人数是女性的3倍；全球范围内，服药、上吊和开枪是最常见的自杀方式。报告呼吁将防范自杀提升至全球公共卫生和公共政策议题的优先考虑范围，并呼吁社会各部门协同努力应对自杀这一公共卫生问题。

2014年，当时的卫生部（2018年3月，机构改革为国家卫生健康委员会）统计数据表明，中国每年约有25万人因自杀而死亡，占世界自杀人数的1/5～1/4；200万人自杀未遂，即每分钟有3人自杀未遂；并且有逐年增加的趋势。自杀、自伤造成的直接疾病负担在中国疾病负担中排第四位。自杀危险因素包括死前两周抑郁程度重、有自杀未遂既往史、死亡当时的应激强度大、死前 1 个月的生命质量低、死前两天有剧烈的人际冲突、慢性心理压力大、朋友或熟人曾有过自杀行为、有血缘关系的人曾有过自杀行为、失业或从事没有薪金的工作、死前 1 个月社会交往少，等等。

1.1.7　自然灾害

2017 年联合国发布报告指出，世界每年至少有 1 400 万人因自然灾害而无家可归。地震、海啸、水灾与风灾是造成众多居民无家可归的主要自然灾害。亚洲是自然灾害袭击最多的洲际，亚洲地区人口占世界人口的 60%。仅在印度每年就有 230 万人口因自然灾害而丧失家园。据英国《每日邮报》报道，2017 年全球因为自然灾害造成的经济损失高达 3 060 亿美元。我国各种自然灾害种类多、分布广、频率高、损失大，是世界上遭受自然灾害最严重的国家之一。全国 70% 以上的城市、50% 以上的人口分布在气象、地震、地质、海洋等自然灾害严重的地区。根据民政部、国家减灾办发布的数据，2011 — 2018 年我国自然灾害事故情况见图 1-4。

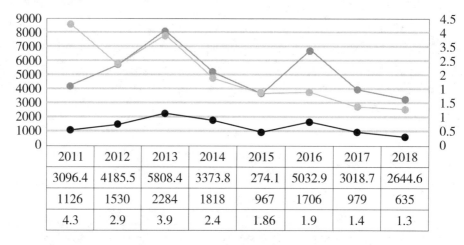

	2011	2012	2013	2014	2015	2016	2017	2018
	3096.4	4185.5	5808.4	3373.8	274.1	5032.9	3018.7	2644.6
	1126	1530	2284	1818	967	1706	979	635
	4.3	2.9	3.9	2.4	1.86	1.9	1.4	1.3

━━ 直接经济损失（亿元）　━━ 死亡（含失踪）（人）　━━ 受灾人次（亿人次）

图 1-4　2011 — 2018 年我国自然灾害事故情况

1.1.8　暴力

据估计，2012 年共有 475 000 人死于凶杀。其中近 60% 死者是 15 ～ 44 岁男性，凶杀是这一年龄组男性第三大死因。据估计，在低收入和中等收入国家中，美洲区域的凶杀率最高，高达每 10 万人 28.5 例，其次是非洲区域，凶杀率为每 10 万人 10.9 例。

妇女、儿童和老人首当其冲，是非致命的生理、心理和性虐待行为的主要受害者：1/4 的成年人称在童年遭受身体虐待；1/5 的妇女称在童年遭受性虐待；1/3 的妇女在一生中某个时点遭受亲密伴侣的身体暴力或性暴力；6% 的老人称在过去 1 个月期间遭受虐待。

这类暴力造成受害者，尤其是受害妇女和儿童终身健康不良，并导致过早死亡。心脏病、中风、癌症和艾滋病毒 / 艾滋病等许多主要死因与遭受暴力的经历紧密相关，受害者在遭受暴力后因吸烟、酗酒和吸毒以及高风险性行为而患病死亡。暴力行为还对卫生和刑法系统、社会和福利服务以及社区经济生活造成沉重负担。

2016 年，我国每 10 万人中发生命案 0.62 起，是世界上命案发案率最低的国家之一（2016 年的全国社会治安综合治理表彰大会上，时任中央政治局委员、中央政法委书记孟建柱透露的数据）。据全国妇联统计，全国 2.7 亿个家庭中，有 30% 的已婚妇女曾遭受家暴，平均每 7.4 秒就会有一位女性受到丈夫殴打。

越来越多的科学研究结果显示，暴力是可以预防的。世卫组织及其合作伙伴在系统审查了预防领域的科学证据后，确定了七项"最划算"战略，其中六项战略针对如何预防暴力，一项战略重在采取应对措施。执行这些战略可减少多种暴力，并有助于降低个人施暴或成为暴力受害者的可能性。这些战略是：在儿童与其父母和照护者之间建立安全稳定的和扶持性的关系；培养儿童和青少年的生活技能；减少酒精的可得性和有害使用；减少获得枪支和刀具的机会；促进男女平等，预防对妇女的暴力；改变那些助长暴力的文化和社会习俗；实行受害者识别、照护和支持规划。

1.1.9 其他

在西太平洋地区，烫伤和中毒每年造成 60 000 人死亡，烫伤（55%）和中毒（35%）主要发生在 60 岁以上人群，45% 的死亡发生在女性身上。非致死的暴力伤害规模和数量实质上更高，尤其是脆弱性群体。除了死亡以外，非致命伤害可以导致各种各样的残疾。同时，还有很多的隐形伤害没有引起关注，没有纳入到伤害的统计范畴内。非致死的暴力伤害规模和数量实质上更高，尤其是脆弱性群体。例如，估计有 1/3 的女性是家庭暴力的受害者，1/4 的女孩和 1/10 的男孩在儿童时期遭受过性虐待，这段创伤经历带来的影响可能会伴随他们一生，增加其罹患忧郁症、自杀、辍学、失业、意外怀孕、性传播疾病、吸毒等危险行为的风险，反过来，这些行为又会增加创伤、癌症、心脑血管疾病等慢性病的风险。

尽管数据显示形势严峻，暴力和伤害问题并没有看作是一个公共卫生问题来被优先考虑，社会上经常把伤害看作是命运、事故，或是一种纯粹的意外。实质上，暴力和伤害发生并不偶然，风险因素和监测预警指标是清晰的，伤害可以通过风险因素管控来预防。目前研究已经证明一些干预措施可以有效预防伤害和暴力，以下干预措施已被证明了其有效性：安全带、头盔、限制酒驾可以预防交通伤害；设计防止儿童打开的容器可以预防药物中毒；家庭设施危害改造可以预防老年人坠落；安装池塘围栏可以降低溺水风险；抑郁症治疗可以预防自杀；以学校为基础的教育可以预防亲密伴侣暴力；家访可以减少儿童虐待。

在一些国家，除了卫生部门，其余相关部门也去策划和实施伤害预防相关的国家级项目，但是这些项目缺乏流行病学工具或伤害监测系统来量化这些问题和测量这些成功的效果。卫生部门可以通过贡献证据清晰的政策和倡议来支持意外伤害预防。尽管证据显示，伤害预防项目的有效性有所提高，然而在大部分国家，保护公众免受暴力和伤害的努力是有限和碎片化的，缺乏清晰明确的机构授权从而导致能力和系统不足（例如风险评估和流行病学监测），在意外伤害预防方面仍然缺乏强有力的领导和合作。《西太平洋地区 2016—2020 伤害预防行动计划》要求或建议各成员国采取相应的政策措施。

（1）推进把安全作为国家发展的重要内容，使安全成为基础设施和工业发展、运输系统、城市规划和卫生健康系统发展的基本原则；要审视相关政策、法律和规章的覆盖面和执行，识别漏洞和局限性，例如考虑把国家道路安全策略目标和联合国道路安全十年（2011—2020）行动计划联合起来。

（2）加大在预防措施上的投资来产生可识别的结果。暴力和伤害减少了大量的医疗费用和生产力损失导致的经济损失。

（3）增强卫生部门在暴力和伤害预防中的作用，卫生部门应在倡议和提供医疗服务等方面发挥更加重要的作用。有效的暴力和伤害预防需要跨界跨部门的合作，卫生部门在倡议数据驱动和以证据为基础的政策和行动方面发挥了积极作用，同时也为暴力和创伤受害者提供治疗照顾、舒缓或其他各种形式的精神疏导服务。

（4）展示高层政府部门之间有效的协调和合作。暴力和伤害涉及跨部门和多领域，有效的伤害预防需要采取政府所有部门参与的方法。

（5）个体、家庭和社区、社会应该赋权和参与到各类意外伤害预防项目中。从社区网络和基础第一应急响应者开始，发展及时处理治疗、转诊受害者的机制。

（6）要采取安全社区这样基于证据的战略性方法来开展事故伤害预防。要发展和执行本土化、以证据为基础、面向高风险人群（妇女、青少年、儿童和残障人士）的干预措施。

1.2 安全社区起源与发展

社区是最基层组织，是各类危险源的所在地，也是各类事故伤害风险的集聚区。大量风险、事故灾难隐患存在于基层社区，而社区既是各类灾害及突发事件的直接承受者，也是灾害的影响者与应对者。社区力量是推进灾害风险管理的社会载体，对于社区力量的培育也是重要的国际减灾经验。2005 年，在日本兵库县（Hyogo）召开了世界减灾会议，发表了《兵库宣言》（Hyogo Declaration）与《（2005—2015）兵库行动纲领：建构国家与社区的灾害恢复力》，在该宣言和行动纲领中，预防、整备、反应、恢复等各个环节的社区恢复力（resilience）培育，成为未来减灾行动的纲领性要求。我国也应当根据这一要求，促进社区参与防灾的政策设计，采用多元行动体系、减灾文化输入等改造方式，并充分考虑我国现实的社会结构与历史文化传统，努力建立经济全球化与本地化相结合的中国社区安全风险管理模式。相应的，我国开展了"安全社区""综合减灾示范社区"等防灾型社区建设。

"安全社区"是世界卫生组织推进的三大安全建设品牌（国际安全社区、国际安全学校、安全医院）之一，是世界卫生组织"全民健康"战略的基石，也是事故预防和伤害控制全球计划的基础。"安全社区"一词于 1989 年瑞典的斯德哥尔摩第一届世界事故与伤害防范大会时正式提出。会议提出"安全社区宣言"作为基础性文件，提出"人人都平等享有安全和健康的权利"。

安全社区项目最早起源于瑞典法尔雪平、利德雪平及穆塔拉的安全促进/伤害预防项目。1975 年，瑞典的 Falköping 社区首先意识到意外伤害是公共卫生的主要问题，要解决这一问题，必须依靠社区各部门及志愿团体的合作。基于这一认识，Falköping 社区制定了有针对性的伤害预防计划，包括宣传、教育、资讯、监管及环境改善等环节实施。该计划实施后不到两年半即见成效，Falköping 社区内交通意外伤害减少了 28%，家居伤害减少了 27%，工伤事故减少了 28%，学龄前儿童意外伤害减少了 45%。而相邻未实施伤害预防计划的社区，上述伤害现象并未见减少。此外，Falköping 社区（3200 人）因伤害入院的人数每 1 000 人减少了 0.5 人，相邻社区该项伤害每 1 000 人增加了 1.7 人。这一显著成效的取得坚定了 Falköping 社区继续推行该计划的信心。

此后，安全社区计划在欧洲、亚洲、美洲，在发达国家和发展中国家得到了广泛的认同和快速发展。第一个被确认的国际安全社区是瑞典的 Lidköping 社区，时间是 1989 年。最初 5 年，确认为安全社区的平均每年 1 个，此后数量逐渐增多，平均每年 10 个左右。其中一部分是在基层社区通过认可后，又扩大建设范围至全区乃至全市后，又再一次通过认可。此外，更多的安全社区正在建设和筹备中，并且已从发达国家扩展到发展中国家，例如泰国、印度尼西亚和孟加拉国等国家。20 多年来，安全社区和安全促进活动在全球范围内蓬勃发展。在世界卫生组织的支持下，瑞典卡罗林斯卡医科大学成立了"社区安全促进合作中心"，负责在全球宣传、推广安全社区计划，负责评估申请成为"安全社区"的申报材料，负责对申请方进行实地考察。

世界卫生组织社区安全促进合作中心（现改名为国际安全社区认证中心）成立近30年来，安全社区在世界各地蓬勃发展，目前全球共设立21个各有其专长和功能的支持中心，先后有32个国家和地区的400余家社区通过了现场认证，成为"国际安全社区网络成员"，分布于中国、瑞典、澳大利亚、挪威、加拿大、美国、南非、奥地利、新西兰、韩国、丹麦、捷克、芬兰、爱沙尼亚、波斯尼亚、以色列、越南、智利、伊朗、波兰、日本、塞尔维亚、秘鲁、德国、英国等地。

为持续推进国际安全社区建设，2016年，世界卫生组织西太平洋地区暴力和伤害预防区域行动计划（regional action plan for violence and injury prevention in the western pacific）提出：要采取像安全社区这样基于证据的战略性方法；2018年世界卫生组织伤害预防大会《曼谷宣言》（Bangkok Statement on Injury Prevention and Safety Promotion）指出：要建立多方对话机制，共同推进安全社区建设。

1.3 安全社区建设在中国

在中国最先引进安全社区理念的是香港，2000年香港职业安全健康局引进了安全社区项目，并在同年3月与世界卫生组织社区安全促进中心签约成为全球第6个安全社区支持中心。2001年，济南市槐荫区青年公园街道从当时山东医学院特聘教授温斯朗先生（时任世界卫生组织社区安全促进合作中心主席）处了解并接受安全社区理念，按照国际安全社区建设准则开展建设工作并提出申请。2006年3月，青年公园街道被世界卫生组织社区安全促进合作中心命名我国内地第一家国际安全社区。2006年3月，国家安全生产监督管理总局颁布了我国安全社区建设基本标准——《安全社区建设基本要求》（AQ／T9001—2006），该标准以社区危险源辨识、风险评价、分级监控、应急救援和土地使用安全规划为技术路线，由12个要素构成。随后，中国职业安全健康协会（COSHA）受国家安全生产监督管理总局委托，负责在国内推广世界卫生组织的安全社区理念，促进了我国的安全社区发展。

我国政府高度重视安全社区建设，把安全社区建设和中国政府正在推行的社会管理创新、基层治理、应急管理体系建设紧密结合，在开展安全促进的同时，不断完善为民服务、风险管控体系，使安全社区建设成为真正的惠民工程、民生工程，丰富了国际安全社区建设内涵。国家安全生产"十一五""十二五"规划等都对安全社区建设提出了要求；国务院《关于坚持科学发展安全发展促进安全生产形势持续稳定好转的意见》（国发〔2011〕40号）提出：建设安全文化主题公园、主题街道和安全社区，创建若干安全文化示范企业和安全发展示范城市。

《国家突发事件应急体系建设"十三五"规划》里提出：要规范"安全社区""综合减灾示范社区""消防安全社区""地震安全示范社区""卫生应急综合示范社区""平安社区"等创建工作，不断提升社区应急水平；2008 年年初，中共中央办公厅、国务院办公厅印发的《关于推进城市安全发展的意见》提出了"加强安全社区建设"的要求。经过十余年的推动，截至 2019 年 3 月，中国内地已建成了112 家国际安全社区，分别占全球和亚洲国际安全社区数量（ 403 家）的 27.8% 和53.1% ，主要分布在北京、上海、大连、广州等地。我国幅员辽阔，社区类型多样，有多种类型社区开展建设工作，极大的丰富了安全社区建设类型，促进其多元化发展，建设类型主要有城市街道型社区、企业主导型社区、经济开发区（功能型社区）、农村型安全社区、企业和其他人员密集区、城乡接合部等。

1.4 绩效与经验

相比于别的国际或国内的创建项目，国际安全社区创建"不同于一般创建活动"，国际安全社区的准则及相关标准、各项干预措施都不是一成不变的"封闭型"标准，而是千变万化的"开放型"标准；国际安全社区准则及相关标准没有包含任何一个数字指标，而是要求建设单位付诸更多的行动、采取更多有效的干预手段和措施，获得更多的干预实效。

目前，国际安全社区建设已从传统的生产安全观拓展到包括防灾减灾和社会治安在内的、全方位的大安全观；参与主体从政府安监部门拓展到各部门、各行业和各领域；关注领域从工作场所扩展到日常生活各个方面。我国的安全社区建设十余年的实践表明：作为一种有效的基层安全工作模式，国际安全社区在破解传统安全管理困境、应对安全领域新挑战方面具有很强的现实意义。安全社区建设在夯实安全基层基础，消除安全服务盲区，完善社区安全风险治理机制，创新社会管理，预防和减少事故伤害方面成效显著，其重要性主要表现在以下几个方面：

（1）为基层安全工作提供了抓手和平台，夯实了安全生产"双基"工作。安全社区建设把乡镇、街道甚至居委会推向促进安全生产工作的"前沿阵地"和"第一线"，从微观区域抓安全建设，有力推进了安全生产责任体系"五级五覆盖"，带动了各类生产经营单位"五到位五落实"，为把安全防范体系延伸到基层、把隐患排查治理工作落实到现场、把有效的事故防治措施落实到社区提供了有效方式和重要抓手。同时，各地把安全社区建设与城市公共安全治理、防灾减灾、平安建设等工作有效结合起来统筹推进，完善了城市管理、推进了社会安全治理、健全了公共安全服务体系，一定程度上改变了当前基层安全工作口号多、抓手多、变化多、基层无所适从的问题。

（2）落实了安全监管职责，推进了安全生产长效机制的形成。安全社区建设的跨界合作机制，将建设理念和工作方法与乡镇、街道各条块工作有效融合，夯实了"党政同责、一岗双责、齐抓共管"的基础，落实了"管行业必须管安全、管业务必须管安全、管生产经营必须管安全"的要求。开展安全社区建设的单位建立了持续改进工作机制，根据自身情况、辖区安全工作重点的变化，动态管理、不断调整、适时优化安全工作计划，从安全管理、安全教育、工程技术等多方面采取措施，不断强化依法治安、科技兴安、管理强安，推进安全生产工作长效机制的形成。

（3）形成基层安全工作格局，完善了基层安全工作机制。安全社区建设使基层安全生产工作由管理干预为主向项目促进为主拓展，使行政措施为主的行政化运作变为技术措施为主的专业化操作，运动式突击检查变为闭环管理、持续改进的动态运行，完善了基层安全工作机制，真正体现了"安全第一、预防为主、综合治理"的安全生产方针。

（4）社区各类安全资源得到整合，大大提高了群众参与安全工作的积极性，推进了安全工作群防群治格局的形成。通过安全社区建设，街道辖区内的公安、消防、环境、城管等部门得到了大力度整合，政府部门之间的协同工作的能力得到了增强。通过村民公约、安全互助的形式开展安全宣传教育，促进了"共建、共享安全与健康"安全文化氛围的形成。全员参与机制调动了生产经营单位和其他社会组织及各界群众参与社区安全工作的积极性、主动性、创造性，逐步实现了安全生产的政府治理、企业自控、社会助动、居民自治的良性互动，推进了基层安全工作群防群治格局的形成。

（5）推进了社区安全风险分级管控与隐患排查治理双重预防机制建设。风险防控是源头，是预防事故的第一道防线，隐患排查是预防事故的末端治理。安全社区建设是"基于风险"的过程安全管理理念的具体实践，是实现事故"纵深防御"和"关口前移"的有效手段。通过风险辨识诊断分级，确定社区一般事故伤害风险和重点安全风险，再按照风险级别、所需管控资源、管控能力、管控措施复杂及难易程度等因素而确定不同管控层级的风险管控方式，明确以安全基础管理管控一般风险，以项目化的方式推进解决重点难点问题，强化重点安全风险管控；同时，在建设过程中，各地针对实际，以问题为导向，紧紧围绕事故与伤害预防，先排查问题和隐患，再确定促进项目进行整改，动态消除了各类安全隐患和问题。

（6）提升了国民安全素质。各地在安全社区建设过程中，采取各种形式，针对广大人民群众进行安全教育，传播安全知识，教授安全技能，使大家重视安全、懂安全、会安全、要安全，提升了社区成员的安全意识与安全行为能力。

（7）提升了基层安全生产治理能力，推进了国家治理体系和治理能力现代化。安全社区建设是抓乡镇、街道的综合安全建设，通过调动社会各界参与，创新措施解决社会发展中带来的各类安全问题，建立与自身需求相适应的安全治理体系，提升了辖区内生产经营单位的安全管理和自控能力、基层政府及其有关部门的安全监管和治理能力、社区居民的安全自觉和参与能力、社区其他方面的安全互助和协同能力，整体上提升了基层社区的安全工作水平。

（8）安全社区建设单位立足于社区实际，立足于事故和伤害预防，有效整合社区内各类资源，从安全管理、环境改善、安全设施、安全文化、社区服务等方面，通过形式多样、内容丰富的安全促进项目的开展，各类事故和人员伤害逐年下降。

2 国际安全社区建设准则与要求

2.1 国际安全社区理论模型的发展

过去几十年里，世界卫生组织不断加强伤害预防和安全促进工作。当世界卫生组织制定"八五（1990—1995）"规划时，想把伤害预防工作从信息收集转移到实施战略行动上来，将安全促进和伤害预防整合到落实整体健康促进方案的必要行动之中，而方案的核心要点是基于各地方社区的行动。拒绝将社会问题仅看作个人或家庭问题的社会工作者首次发起了以促进社会发展为目标的地方运动，将社区作为基本的活动单元。

很多人认为，安全社区项目起源于20世纪七八十年代瑞典法尔雪平、利德雪平及穆塔拉的伤害预防计划。实质上，20世纪60年代公众对健康和安全方面的日益重视引起了政府和社会的关注。国际安全社区项目可以追溯到世界卫生组织"新公共健康""全民健康"战略以及渥太华宪章这类健康政策运动的发展。世界卫生组织系统战略的初级卫生保健形态是泰国的初级卫生保健发展，泰国公共卫生部鼓励社区分析确定主要的健康问题、确立重点和发展地方计划。泰国那空沙旺府（Nakhon Sawan）的 Wang Khoi 村致力于社区伤害预防工作，并基于当地实践和其他考虑，提出并发展了安全社区项目，并逐渐总结提炼为一种各地通行的工作模式，安全社区项目的核心思想就是伤害预防措施要因地制宜。

2.1.1 关于社区级别的伤害预防

瑞典安全社区项目深受以人群为导向的社会政策运动经验的影响，开发它是为了得到一种更加个性化的社会工作解决方案。面向健康问题的第一个工作计划是瑞典 Skövde 地区通过社区发展来预防精神疾病。芬兰的 North Karelia 项目为于1975年启动的法尔雪平伤害预防项目提供了灵感。第一批试点地区最初旨在通过医院和基于伤害监测的初级卫生保健来确定意外伤害范畴。法尔雪平试点项目相比其他试点项目，突出了伤害监测结果的重要性。跨部门小组随后都针对性地确定了干预优先项，这些试点项目都关注意外伤害。但在20世纪80年代，他们将更加关注故意伤害，特别是暴力和犯罪预防上面，新西兰的"更安全的社区"项目令这一趋势变得更为清晰。在随后的一些伤害计划中均包含了自我伤害和自杀预防 / 自杀未遂预防等。

专业人士尤其是医疗卫生专业人员将伤害作为定义和拉开安全社区项目序幕的大门。参与的社区部门和志愿组织越多，那么接受概念的范围就越广，影响面就越大。安全并不仅是安全，因此，安全促进比预防伤害更加适用。社区干预的特点是将关注目标从个人责任转向多层面社区级干涉，旨在确保社区中的每个人都参与进来。在现实中，不可能让每个人都参与进来，但足以形成强大的力量令干涉获得成功。个人、团体和政府造成的安全及健康问题，必须通过实施事故和伤害预防计划来解决。

在瑞典相关方面的倡议下，"安全社区"的概念于 1989 年正式提出和推广。建设安全社区，指的是地方社区制定意外伤害预防计划，且计划内容涵盖各种年龄群体、环境和状况。安全社区建设的目的是通过策划意外伤害预防项目来强化安全促进，促进社区安全。安全社区项目应基于充分的流行病学数据和其他可监测数据来分析各类安全问题的严重程度和性质，包括事故、伤害、暴力和自杀以及在家居、交通、工作场所和休闲场所等各类场所发生的各类事故伤害。

2.1.2 优先级——综合采用多种技术和方法

制定安全干预决策和采取行动的优先顺序必须基于社区认定的事故伤害问题的重要程度。解决方案应基于社区能力，来自外界的意见和建议只有符合社区实际才可采纳，而实现此目标的先决条件是安全促进过程中公众及社区的积极参与。安全干预过程须综合采用多种干预技术和方法，包括媒体宣传、事故伤害数据公开、其他信息发布、安全教育、安全巡视检查及工程技术、环境改善和技术开发等。通过多个安全社区试点项目和观摩研讨会取得的共识，相关人士开始研究制定国际安全社区建设及认证标准。根据在瑞典法尔雪平、利德雪平、穆塔拉以及 20 世纪 80 年代末其他项目中的调查结果，瑞典卡罗林斯卡学院与世界卫生组织合作，发起并提出了针对所有年龄群体、环境和状况的地方级伤害预防的"安全社区模型"。

2.1.3 启动安全社区建设项目

社区要保证在一定时期内持续开展安全社区项目。项目的推行有赖于地方公立机构和公众的有效合作。当地机构网络和人员要积极参与该项目，原则上要包括所有年龄段、环境和状况相关的人员。在设计过程中，国际安全社区模型被视为社区伤害预防的有效途径并带来了实际成效，但安全社区建设模型需要根据各个国家的文化和社会经济情况进行调整和修改，模型的调整完善更需要强调地方完善伤害监测系统和社区的"主导性"参与。

2.1.4　安全社区模型的发展策略

在选择和评估引入安全社区模型可能性与考虑其实施策略时，需要考虑地方社会结构与组织，社区需要综合考虑地方实际来综合决策，多采用试点再全面推进的策略。但在建设过程中，出现了社区层面无法解决的问题时，需要地区、国家乃至国际层面的资源、政策等的支持保障，在一些地区，社区安全促进项目的实施往往需要上级政府或相关机构的批准。

2.1.5　评估可行事宜

不同经济社会开展安全社区建设时，对其开展可行性评估非常重要。没有一个通用的建设模板适用于所有国家和地区。每个地区的工作策略也不相同，必须将安全社区建设与地方经济与社会发展结合起来开展，尤其是要考虑如何将其纳入到卫生系统建设等日常或结构化工作中。认识到什么因素影响社会对安全社区项目的接受程度非常重要，主要因素之一就是项目开展人员的公信力。

2.1.6　利用伤害信息来建立最初关系的策略

需要了解如何推进这些项目及如何在本地合法合规推进，建立与影响项目合法合规推进的相关资源，例如有公信力的人物、组织或项目。根据地方伤害问题评估获得基本信息，这些基本信息并不局限于死亡人数等单一指标数据，还包括多渠道获得的更广泛的相关信息，应使用信息较清楚描述伤害预防工作的初始状态，从而为决策者提供参考。有的地方，在开展安全社区建设之初，已经有类似、稳定的工作网络，项目建设可以依托这个结构来开展伤害预防，需要主要考虑因素是不同部门之间协调和协同，安全社区建设首先考虑的就是跨部门之间合作和信息共享。不同层级，跨部门合作的难易程度也不一样，获得地区级的合作相对容易，层级越高，合作难度越大。

2.1.7　沟通与协商

安全社区项目需要横向、纵向各个层面的支持，应尽早确定需要开展安全社区建设涉及的相关层面，并在沟通中交流伤害预防计划方案所需资源、努力和会给大家带来的受益。专业团队、不同层次上的相关数据以及相关领域的类似成功案例均可能涉及。在沟通协商以获得支持的过程中，应不违背安全社区建设的相关原则。

协商的可能策略有以下几点。

（1）培养现有公信力：获取地方领导或有公信力的人员的支持；

（2）引入专业人员：获取专业团队的承诺或技术支持；

（3）善于借助媒体：与地方媒体建立合作关系；

（4）获得政策允许：建设项目取得地方政府或机构的批准或支持；

（5）借助形势：在有相关并有影响力的事件发生时，借机会大力推动建设工作。

2.1.8　正确的教育方式

社区参与是安全社区模型的关键要素之一，通过实践和解决问题来学习是有效的方法。

2.1.9　项目要因地制宜

进行安全巡查、运用伤害控制原则制定当地事故伤害问题的解决方案，与社区合作解读当地伤害数据。预防策略要因地制宜，没有一个通用可行的模式，安全社区建设要充分考虑建设方案的适宜性。安全社区模型的力量源于其简单且易于理解的结构。它以日常工作为基础，充分利用现有的社会结构来提升安全，通过跨部门的合作，发挥各自的资源优势，从而得出共识的行动方案。

2.1.10　重要的伴随效应

安全社区项目的一个重要伴随效应是：为自下而上发现、提出和解决问题提供了渠道，强化了各部门的合作。这也是促进和发展民主的一支重要力量，除了直接改善安全状况外，还有利于社会稳定，这是一个对安全非常有利的伴随效果。一个稳定而安全的社会，伤害和事故风险低，这可能就不需要对伤害预防加大投资，从而使有限的资源用在更紧迫需要的地方。

2.1.11　制度化建设

为了安全促进工作常态化开展，就必须制定工作制度，规范运行各项工作机制。"安全第一"的思维与意识须成为所有部门工作原则，而不仅局限于医疗卫生人员，同时各方要形成对问题及解决方案的共识。

2.2　国际安全社区的指导方针

世界卫生组织经过瑞典和泰国的观摩研讨会提出了安全社区的指导方针："社区干预会降低事故伤害概率，为解决日益严峻的伤害问题指出了方向。它并不是要代替其他伤害预防方案，而是作为其有益的补充，面向不断变化的事故伤害问题提供一个有用的模型方法，通过对安全意识、行为和环境的改变来解决之前无法用自上而下的传统方法来解决的问题"。根据瑞典利德雪平和泰国 Wang Khoi 村安全社区建设试点经验，相关专家提出了五大基本原则作为设计安全社区项目的基础。

2.2.1 安全社区工作的组织需求

（1）相关组织。社区伤害控制必须以社区相关组织为基础（视其控制强度而定）。

（2）密切合作。社区伤害预防项目须与相关部门密切合作，尤其是医疗卫生部门。

（3）有效的决策制定流程。安全社区建设组织架构将因在不同国家和地区而不同，但将充分利用业已存在的决策流程来弥补无效的决策机制。

（4）认识益处。在其带来的益处得到认可后，社区将会积极参与并提供相应的资源。

2.2.2 以目标人群和地区为传播目标的流行病学调查和信息

（1）社区伤害预防的基础。社区伤害预防应以充分的流行病和其他事故数据为基础，这些数据记录了社区相关事故/伤害问题的规模与性质。

（2）对机遇和问题性质的认识。社区应充分认识到伤害预防与控制的可能性，以及当地安全问题的严重状况和性质，这可通过使用媒体与其他传统的信息分享方式等来实现。

（3）强调考虑地方实际。信息分享应强调适度性和相关性，要着重强调和考虑当地实际。

（4）当地相关性。应广泛搜寻和获得伤害预防和控制信息或指南，并根据当地实际情况进行调整。

2.2.3 干预——参与、目标与基础

（1）涉及社区自身利益。通常，如果涉及社区自身利益，其便会积极参与。

（2）广为接受。这些干预应得到绝大多数人群的认可/或为其带来益处。

（3）短期内可使用。这些解决方案应能在短期内应用于当前的社会、经济活动。

（4）跨部门基础。这些干预应以跨部门方法为基础。

（5）底线与目标。必须设定目标，涉及干预流程和结果评估的措施和数据也应落实到位。

2.2.4 决策的优先列表

（1）行动决策必须基于社区认为最重要的事情。

（2）社区决策的前提是意识到存在的问题及能找出可能的解决方案。

（3）项目启动时要发动社区全员参与，不然社区就不应该进行决策。

（4）干预应该获得可测量的绩效并以此作为激励来推动社区采取进一步的行动。

（5）社区应尽量提出建议或解决方案。外部的解决方案只有社区认为合适时方可采用。

（6）关于可能解决方案的知识展示时对社区而言应该是简单清晰的。

2.2.5 技术和方法

（1）意识和范围广泛的技巧。无论在政府还是社区层面，提升意识都是非常必要的。技巧的范围极为广泛，也必不可少，包括媒体、地方数据展示、学校教育以及对决策者的拜访。

（2）用于评估的基本数据采集。有关事故伤害的数据采集应该简单，能够表明伤害的性质就可以。数据采集须在可获得的资源与技术内进行。

（3）使用社区支持来确定危害。危害辨识流程必须获得社区支持，使其能自主确定危害，并找到地方可接受的解决方案；外部提供的建议可作为催化剂并提供技术信息。

（4）采用多种危害辨识方法。识别危害所采用的方法必须极为广泛——包括安全巡查、检查表、其他地方的研究发现以及鼓励人们报告危险情况。不同的方法根据不同的情况调整。

（5）使用各种资源、资金以及参与者。资源可通过社区参与者和相关人员来获得，不局限于资金贡献。在某些国家中能够从公共资源和私营机构获得赞助资金；使用政府的配套资金来补充当地资金可作为一种激励。无论在何地，要想持续推进伤害预防项目，社区都要确定经费来源方式。

（6）强化政府及社会单位的责任。在事故伤害预防上，社区有责任影响政府决策和私营机构的安全措施和做法。公众的参与在说服政策制定者和管理者方面有重要作用；政府有责任推动立法，建立决策流程，来回馈安全社区建设过程中的公众付出。

（7）使用多种方法技术来消除危害。要大幅度减少伤害，要使用多种方法移除危害或保护公众避免受到伤害。项目应致力于采用新技术来提供有效的保护措施，例如采取机动车辆与人行道分离的措施，使用瞬时断路器来保护电路，为机器的移动部件增加防护等。

（8）升级安全设备。社区应对安全设备进行升级，例如，防护服、头盔、护目和喷雾面具等，确保所选设备的质量足以对人员提供充分保护。

1991年6月，第一届国际安全社区大会在瑞典法尔雪平举行，大会的主要精神是强调社区参与对于安全干预和伤害控制的重要性。自上而下和自下而上相结合被认为是开展安全干预最有效方式，这是综合了两种模式的优势——既可使用现有的良好系统与组织（自上而下），也可了解其他部门的想法与需求，以及考虑了公众的个人需求。在任何社会体制中，"上级政府"都必须论证其政策措施的针对性、有效性等来达成某种共识。如果民主意识足够强，伤害预防项目就必须"倾听社区——甚至是草根阶层的呼声"并提供相应的资源。

2.2.6　伤害预防措施的六大关键因素

（1）倾听社区心声——让成员自主决定什么是最需要干预的问题。

（2）在地区层面纵向、横向共同协调。

（3）提高公众对伤害预防重要性的认识。

（4）将伤害预防工作纳入政府工作框架。

（5）确保强有力的保障来支持社区努力。

（6）积极动员社区成员参与。

很多安全社区建设试点单位最初通过伤害监测来确定意外伤害范畴，但范畴一直在扩大。跨部门工作组都根据自己需求确定了优先事项，刚开始多局限于意外伤害预防，慢慢拓展至故意伤害及暴力等。了解社区伤害状况是安全社区建设的起点。除了要整合伤害预防专业人员的资源，社区成员的积极参与也是非常有价值的，公众可以为伤害预防带来更有针对性和操作性的意见。社区是整合相关力量、构建沟通机制的一种有效方式，最终可以提升伤害预防能力。

社区是各类事故伤害的发生地，是各类问题的主体，因此伤害预防项目的策划实施也应以社区为主体，以社区为基础的项目应获得社区成员各方面的支持。专家可为安全社区建设提供技术支持，但倡议和具体实施应由本地社区来完成，社区的积极性是安全社区项目取得成功的关键。同时，安全社区建设也应考虑和尊重地方的文化。事故伤害预防策略制定应基于社区认为的重要事项，应由社区为主体来制定解决方案。外部建议只有在社区认为合理的情况下才被采纳，当然，这需要以社区和公众的参与为前提。

2.3　国际安全社区建设准则

1989年在瑞典及泰国举行的第一届世界预防意外事故及伤害大会上，来自世界50多个国家的代表共同发表了"安全社区"宣言，强调所有人类在保持自身健康和安全方面均享有平等的权利。会议期间代表们访问了瑞典 Lidköping 及泰国 Wang Khoi 社区并提出了一份报告，通过分析 Lidköping 及 Wang Khoi 建设安全社区的经验，将如何建设安全社区归纳为5项基本原则。即：社区组织、流行病学及资讯、参与、决策、技术及方法。这是第一个指导安全社区建设的标准。此后，经过不断地完善、修改，形成了"安全社区6项准则和9项指标"，我们称之为国际安全社区准则。2012年，WHO原社区安全促进合作中心制定了《成为国际安全社区网络成员—指南》（Becoming a Member of the International Safe Community Network - Guidelines）加入了"有以证据为基础的促进项目"（Programs that are based on the available evidence），使准则成为7项。7项准则如下：

（1）有一个负责安全促进的跨部门合作的组织机构。

（2）有长期、持续、能覆盖不同性别、年龄的人员和各种环境及状况的伤害预防计划。

（3）有针对高危人群、高风险环境，以及提高脆弱群体的安全水平的预防项目。

（4）有以证据为基础的促进项目。

（5）有记录伤害发生的频率及其原因的制度。

（6）有安全促进项目、工作过程、变化效果的评价方法。

（7）积极参与本地区及国际安全社区网络的有关活动。

2.4 国际安全社区建设准则要求

2.4.1 组织机构要求

（1）准则条款。

有一个负责安全促进的跨部门合作的组织机构。

（2）理解要点。

本准则是确保建设工作成功实施和有效运行的重要组织保障，组织本身（组织机构）及相关人员都是建设工作的重要因素，直接影响整个国际安全社区建设工作的有效实施和运行。只有跨界机构合理、职责分明，资源配置充足，才能使社区在建设过程中取得良好的绩效。安全社区建设工作又称之为"一把手"工程。在此前提下，社区要建立跨部门合作的组织机构，整合社区内各方面资源，共同开展安全促进工作。所谓跨部门合作就是将驻社区内的应急管理部门、卫生部门、社区事务服务部门、民政部门、劳动和社会保障部门、消防部门、公安部门、交通部门、科研机构、教育机构、医院、房管部门、商业机构、社会团体、志愿者组织和居民代表等联合起来共同组成安全社区推进机构，发挥各自的优势共同实施安全促进工作。

跨界组织机构一般情况下包括领导机构（例如促进委员会）、牵头组织部门建设办及开展具体干预工作的工作组或项目组。对工作组个数设置没有严格的规定，应按照实际需求来设置，一般来讲，至少要包括工作场所安全、交通安全、消防安全、社会治安、居家安全等几个重要方面的工作组来执行和运作辖区内重要的安全促进工作。虽然这里强调建设机构的职责，但是在建设过程中，还需要公众的参与，需要向公众传达和宣传这种理念，让公众了解辖区事故伤害程度、参与各类安全促进项目。

安全社区的建设不可能完全改变原有的组织管理模式，建设机构的设置是在原有管理机构的基础之上补充完成的。社区在安全管理上都存在着原有的组织机构和相关管理制度，例如街道办事处的综治办；上级政府的质监部门、消防等职能部门等，按照建设要求成立的跨界组织机构不能脱离社区的原有管理架构，应立足于原有的组织体系和各部门日常工作职责并按照跨界干预的工作需求来设置跨界组织机构，例如，政府部门、社会组织、技术专家和公众等。例如，交通安全工作组的设置应考虑承担辖区交通安全工作的部门牵头；工作组在设置时要尽量和现有的跨界安全管理机构相结合，例如工作场所安全组可在辖区安全生产委员会架构的基础上延伸，避免组织机构的设置另起炉灶，形成资源浪费。

建立在伙伴和合作基础上的组织结构中，还有一个很重要的机构就是工作组。工作组也可以是项目组（一般而言，项目组是工作组的一部分），建立在各部门共同合作基础之上，主要负责社区安全促进和伤害预防项目的具体实施。

（3）基本要求。

建设领导机构包含社区不同部门派出的代表。建设领导机构（可称为董事会、理事会、指导委员会、推进委员会、促进委员会、领导小组）必须确保安全社区项目具有可持续性，对社区安全促进和伤害预防有关的活动、组织机构建设和政策制定发挥积极作用。建设机构承担组织社区安全诊断、策划实施安全促进项目、评估社区安全绩效、提供资源和条件保障等职责。对于不同部门、不同层次的人员应有明确的职责划分，并配备相应的资源。安全促进工作目标、指标是分级和逐步细化的，因此，工作职责也应与建设机构的设置相适应。

社区一般应至少设立6个工作组，工作组成员必须清楚自身职责。设立工作小组最多的安全类别通常有：交通安全、居家安全、工作场所安全、运动安全、学校安全、公共场所安全、儿童安全、老年人安全、犯罪和暴力预防、自杀预防、伤害监测。工作组数量多少并不重要，关键是安全促进是否覆盖整个社区并为高危人群提供有效的伤害预防。如果有社区有少数部门不愿意参与或合作，可以暂不纳入组织框架。

要合理地建立跨界合作机构，社区首先要对辖区资源进行梳理、按照实际情况成立跨界组织机构，包括领导机构、协调机构和执行机构，并以文件的形式发布，同时明确组织机构之间的工作关系。同时，建立健全领导机构和安全项目组的工作机制，制定相关工作制度，并以文件形式发布；明确各组织机构的工作职责，建立健全工作责任制，对各机构进行责任制的培训；让相关部门或人员了解自身建设工作中的职责和工作要求；各机构应按照工作制度要求开展工作并对落实情况进行考核。关于职责的规定，最终要做到：对于所有的安全相关工作，事事有人管，一事一主管。不能有的事务无人管理，也不能一项事务多头管理、政出多门。

成立组织机构后，要制定相应的工作资助，细化责任分工，要针对性建立安全社区工作管理制度，明确各项目标与指标的制定、分解、实施、考核等环节，并按照制度的规定，制定总体和年度的工作目标计划。各工作组按照在安全建设工作的职能，分解年度促进工作目标，并制定实施计划和考核办法。

现场认证时，重点考察社区的伤害与控制计划和活动是否真正涉及所有相关部门的共同参加；安全社区是否是在部门密切合作的基础上运作，并发挥各自所长；伤害预防项目计划是否在多部门统一授权的组织机构内呈现最佳运行状态；各部门参与解决伤害问题和提供资源的情况如何，通过合作解决那些实质的问题；当地政府有没有把社区事故伤害预防和控制纳入政府职能，是否承诺有责任牵头形成策略决议及提供平台，保障各部门的合作，有效减少伤害发生，减轻伤害负担，实现社区安全。同时看社区相关机构是否能够行使自己的职责去提高社区居民的安全意识和改变不良的行为，构建更加安全的文化氛围。

2.4.2　预防计划要求

（1）准则条款。

有长期、持续、能覆盖不同性别、年龄的人员和各种环境及状况的伤害预防计划。

（2）理解要点。

计划（programs）是以协同的方式获取单独管理所无法取得之效益，一组项目有许多计划，还包括持续运作的因素。这里可以理解为某个领域内的实施多个项目的集合。安全社区建设的重点在于策划和实施各类伤害预防计划。这些计划应该是在对本社区的情况进行充分调查分析的基础上，针对需要解决的重点问题而策划的控制措施及预防计划。这些计划还应该考虑到不同的情况，如年龄、性别、环境、职业等诸多因素的特殊性及需要。计划应能够长期地、持续地进行，并有明确的阶段目标和最终目标。

国外尤其是发达国家已经建立相对健全的法律法规体系，国际安全社区侧重于法律法规要求之上的事故伤害预防工作；我国是发展中国家，而且处于城镇化、工业化阶段，安全基础保障能力薄弱，我国的安全社区建设更加强调基层安全基础建设，这里包含国际安全社区建设准则中没有的条款。能覆盖不同性别、年龄的人员和各种环境及状况的伤害预防计划主要是强化安全基础管理，通过建立安全管理网络、完善基层安全监管机制，来强化常见、常规的安全问题的解决，消除安全促进盲区。安全基础管理涉及安监、交通、消防、社会治安等多部门，既包括政府部门的投入和管理，例如，落实"一岗双责"、建立"五级五覆盖"体系，建立安全管理队伍、推行网格化管理、建立隐患排查整改机制、开展日常巡查和专项治理等；也包括社会单位落实安全主体责任，针对自身实际和需求开展的安全工作，基础设施改造、工艺流程改造、隐患自查自纠等。安全基础管理，多是落实法律法规、上级部门或管理单位要求所做的工作，当然也可以是社区为消除安全监管盲点的工作。强化安全基础管理最基本的目标就是要实现社区各类安全工作全覆盖，建立清晰界定的组织结构和安全职责体系，实现"一事一主管""事事有人管"，提升安全保障能力，实现对各类常见风险或常规风险的可控。安全社区建设的任务之一也是推动社区强化安全基层基础工作。

（3）基本要求。

申请社区必须通过组织相关活动，为社区所有人解决安全问题。例如：交通安全、居家安全、儿童安全、老年人安全、工作场所安全、自杀预防、防灾减灾等。申请社区应在调查分析的基础上，组织开展各类（包括上述内容的）安全促进和伤害预防活动。

社区应全面梳理相关法律法规要求和上级部门或管理单位要求，明确工作差距，制定工作计划组织实施；按照安全促进全覆盖、"一事一主管""事事有人管"的工作要求，健全安全管理网络和队伍，明确和落实日常工作职责，强化风险管控，实现安全促进工作全覆盖；完善安监、交通、消防、社会治安等领域日常工作机制，实现各类安全问题的"闭环管理"；加大安全投入，改善辖区基础设施，强化设备配备，提升安全保障度；推动辖区社会单位落实安全生产主体责任，完善安全管理体系，深化和优化原有的安全管理工作。

现场认证时，重点考察安全促进活动是否是在有数据以提供决定性证据的前提下开展的、是否因地制宜；公众对开展的伤害防控情况是否清楚；公众是否能及时得到安全促进的信息、安全促进覆盖情况如何；社区居民是否能够得到简单易懂的伤害预防和控制的有关办法和知识；是否改变不良环境、祛除伤害危险因素的技术方法有效而且简单易行等。

2.4.3 安全促进项目要求

（1）准则条款。

有针对高危人群、高风险环境，以及提高脆弱群体的安全水平的预防项目。

（2）理解要点。

高危人群是指容易被伤害或易给他人造成伤害的人群，高风险环境是指那些发生事故概率较高的环境，脆弱人群是指受同等程度的伤害下后果更严重的人群，例如，建筑工人是高危人群，同时也是脆弱人群，因为建筑工人受到伤害后由于经济条件限制得不到及时的伤害救治。"两高一脆弱"一般包括：①低收入人群、社区中（包括工作场所）从事高风险作业的少数群体；②容易受到故意伤害的人群，包括犯罪的受害者、自我伤害人员、青少年和成年人；③老人，儿童，妇女；④精神病患者，残障人士；⑤参加体育健身活动的人群；⑥流浪人群。

要识别出社区各安全领域的重点难点问题，首先要开展社区安全诊断。社区安全诊断是安全促进有效实施的基础工作，也是建设安全社区的开端和核心；安全诊断结果也是项目策划等其他所有要素的重要输入信息。建设工作之初，首先要开展社区安全诊断，了解和掌握社区安全基本状况，搞清楚社区安全现状处于什么位置和水平，存在的主要问题及其原因，搞清楚公众的安全意识、行为能力和急需提供的安全促进工作。安全诊断不同于常规的风险辨识，只是针对特定的危险源进行识别评价，社区安全诊断是面向整个社区的，因此安全诊断并不是辖区各类的安全信息都要进行调查评价，而是要通过各类信息的整合、分析来确定急需干预的安全问题并继续排序，同时在此基础上开展进一步的辨识分析，掌握这些特定问题的严重程度、危险条件的分布状况等基本状况，有针对性地进行干预。

安全促进项目针对的是安全诊断结果中确定的需要干预的特定问题和重要的安全问题，一般包括高风险人群、高风险环境和脆弱群体（重点人群、重点场所、重点问题），安全促进项目应有明确的指向性，首先要界定其目标人群、环境及干预的问题。促进项目是以项目的形式向特定的人群提供各类管理和服务，具有针对性强、跨界参与、长期性、措施多元等明显特点，这也要求工作人员在策划项目时考虑这些特点。不同的环境和情况下，高危人群和高风险环境有所不同；针对不同的伤害，高危人群和高风险环境也有较大的不同。基于实现计划所策划的项目应针对高危人群、高风险环境和脆弱群体，通过实施项目提高环境安全度，提高人群安全意识与能力，改善脆弱群体的生存质量，减少和降低事故与伤害。

安全促进项目本身是一种目标管理，通过项目的策划实施把特定的安全问题在规定时间内控制或解决到什么程度。安全促进项目的目标是解决问题或工作的实施程度，重点安全促进项目应在基线调查或特定问题评估的基础上制定项目目标，目标的设置一般要满足几个原则：符合的原则（必须符合法规标准和上级要求）。可行性原则：目标制定要结合本区域或项目的具体情况，确实保证经过努力可以实现；也就是目标不能太高，不能"跳起来也够不到"。量化的原则：尽可能量化，有利于对目标的检查、评比、监督和考核；项目目标，并不是泛泛的空谈，而应针对具体的问题，并体现在各项指标上。重点的原则：特别突出和强调当前需要做的重点工作。时限性原则：明确实现目标的时限要求。

促进计划是实现目标的保障，也是促进项目的策划途径及原则（例如，事故预防与控制的 3E 原则、伤害预防策略的 5E 原则等），如管理、硬件保障、软件提升等，针对每项计划至少策划实施一个项目。

同时，项目实施方案应从实际的角度出发，为力求记录的最小化，应不注重实施方案的格式和名称；不应为制定方案而制定方案，实施方案可以是相关"通知""意见"等，只要求内容能覆盖方案要求内容，能有序开展工作即可。

（3）基本要求。

社区应该为社区中的高危人群、高风险环境和脆弱群体策划和实施安全促进和伤害预防活动，尤其要针对那些事故伤害率高于社区平均水平的人群。准则 3 里的项目要求伤害预防具有较强的针对性，即项目干预就是要解决特定群体或环境的特定伤害问题的，例如老年人的跌倒干预、留守儿童的关爱等。准则要求针对识别出来各领域的重点难点问题，都需要进行针对性干预，不能遗漏一些重点问题。

首先社区要建立安全诊断机制，明确安全诊断的组织、指导部门，规定安全诊断的范围、内容、频次、工作程序等。各职能部门、辖区单位或工作组按照各自适合的方法开展安全诊断；各工作组对该领域诊断结果进行汇总；在评价结果汇总分析的基础上，确定各领域的需要干预的重点问题并进行优先度排序；诊断结果至少包括：社区安全基本信息、各领域的需要干预的安全问题及排序；需要干预问题的基本信息。

社区要针对需要干预的安全问题制定目标和计划，并针对性策划实施项目，开展项目可行性评估，制定项目实施方案，明确相关人员职责和实施步骤、保障条件等。计划必须全面落实，并为计划的实现提供充足的资源保障；同时，项目组均应在目标和计划实现过程中规定目标实现的检查周期，对关键节点进行有效监督，发现问题及时解决，或调整目标的设置，保证目标实现在可控状态；设计适当的考核周期，保证考核力度，考核要全面、具体、明确和严格。项目评估主要有形成评估、过程评估、影响评估和结果评估四种类型；评估方法有现场试验、类实验、中心拦截法、安全检查法、事故伤害数据比较分析法等。

现场认证时，重点考察如何确定"两高一脆弱"；社区做决定的依据是否符合其经济技术条件，重点应放在社区有能力及有办法解决的问题上；项目的针对性，是否针对社区自身的特定伤害问题；安全促进项目是否得到公众的认可和接受、是否经济可行；项目目标是否明确具体，过程评估和结果评估过程情况是否恰当有效。

2.4.4　项目证据要求

（1）准则条款。

有以证据为基础的促进项目。

（2）理解要点。

"以证据为基础""循证管理"来源于循证医学（evidence-based medicine，EBM，遵循证据的临床医学），其核心思想是医务人员应该认真地、明智地、深思熟虑地运用在临床研究中得到的最新、最有力的科学研究信息来诊治病人。循证医学提倡将个人的临床实践和经验与从外部得到的最好的临床证据结合起来，为病人的诊治做出最佳决策，强调医疗决策应尽量以客观研究结果为证据。医生开具处方、制定医疗方案或实践指南、政府机构制定卫生政策，都应根据现有的、最好的研究结果来进行。

简而言之，"循证管理"（evidence-based management），就是以大量实证和文献分析为基础的管理，是科学管理的具体化。系统综述、实践指南等均属于获取最佳证据的资源。系统综述是针对某一具体问题，系统全面地检索文献，按照科学标准筛选出合格的研究，通过统计学原理处理和综合分析，得出可靠的结论，用于指导具体实践。实践指南是由各级政府、医疗卫生服务部门、专业学会、学术团体等针对具体问题，分析评价已有的科学研究证据，提出标准或推荐意见，可作为处理问题的参考性文件，用于指导具体实践。例如世界卫生组织制定的《暴力伤害预防：证据》《道路交通伤害预防：全球报告》等；我国制定的《老年人跌倒伤害预防技术指南》《儿童道路交通伤害干预技术指南》等实践指南中还给出证据的等级（见表2-1）。

表2-1　儿童跌倒的主要干预措施

策略和措施	有效	有希望	证据不足
实施多方面的综合社区干预项目	√		
重新设计育儿家具和其他产品	√		
制定运动场地表材料和标准厚度，制定标准限制设施和器具高度	√		
为窗户护栏立法	√		
使用楼梯门和护栏		√	
对危险家庭实施支持性家庭巡查和教育		√	
对父母和保健人员进行大众媒体教育活动		√	
提供适宜的儿科急救条件		√	
通过教育活动提高公众知晓率			√
实施房屋和建筑物规制			√
覆盖井和洞穴，并去除危险物			√

对于证据等级为"有效"的措施，可以结合社区实际情况进行采用。该项准则要求，社区在对具体的项目进行设计或选择促进措施时，需要充分参考国内外已有的研究结果、类似项目的成效，运用最可靠和最可能得到良好效果的方法开展工作。

（3）基本要求。

在实际建设过程中，安全社区组织开展的项目策划都需要正确的信息即科学证据来指导，却常常难以获得，大多数情况是没有时间和渠道查寻。因此，在具体实践中应尽量采用实践指南或法律法规要求中提供的证据来策划项目；同时由于一些针对社区特定问题的个性化项目或没有证据，就要求按照风险管理要求来降低风险；要求只需部分项目提供证据或和能提供证据的相关机构建立合作关系。

现场认证时，重点考察社区如何获得"证据"，"证据"是如何利用的；是否推广已经证明有效的促进措施或项目；是否在项目试点基础上总结有效的安全促进措施或项目。社区本身应该尽可能地提出自己关于解决本社区相应伤害问题的合理化建议。其他地方的解决方式与方法不能照搬照抄，应该结合实际采纳或加以借鉴。

2.4.5　伤害记录制度要求

（1）准则条款。

有记录伤害发生的频率及其原因的制度。

（2）理解要点。

尽管建设的关键是组织安全促进和伤害预防活动，但为了减少伤害事故的发生，应尽量确保获取各类伤害事故发生的数据。社区应制定记录各类伤害的工作制度，对社区发生的各种伤害及时、如实的予以详细描述。应在制度中明确记录种类、记录格式、记录方法和记录的管理。通过真实的伤害发生的频率及其原因的记录，可以分析发生伤害的数量、类别、原因、分布趋势等特点，有针对性地制定措施或调整安全促进计划加以解决。记录是社区伤害监测的重要方法，可以通过医院诊疗记录、社区工作记录等渠道实现。

伤害事故可以根据医疗诊断结果（骨折、脑损伤等）或是外部原因（坠落、暴力等）进行分类。伤害原因分类应首选世界卫生组织颁布的损伤外伤原因分类标准。伤害结果的分类则主要参照世界卫生组织的国际疾病分类体系第10版的内容（ICD-10），对于尚未引入ICD-10的国家，适用ICD-9。一般而言，准确的伤害监测数据来自政府。如政府这方面工作力度不够，社区应该说服政府建立监测体系，并注意收集相关数据。

（3）基本要求。

安全社区建设并不特别要求申请社区必须组建专门的数据分析部门，但是申请者至少应该开展以下工作：

①明确伤害监测机构与职责，合理布置事故伤害监测点，构建事故与伤害监测网络、明确工作机制。例如，某社区建立的伤害监测网络及流程，如图2-1所示。

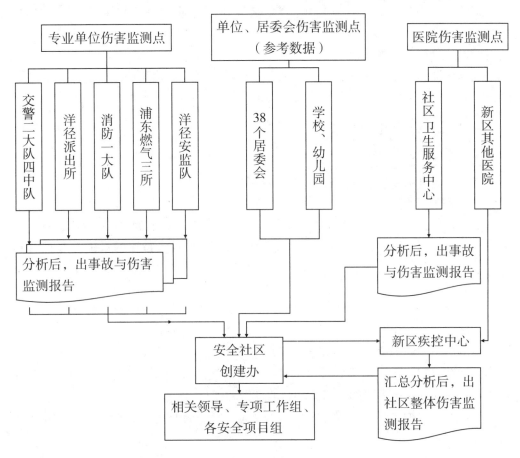

图2-1 某社区的伤害监测网络及流程

②建立伤害监测管理机制。伤害监测要求有相应的机制予以保证，应明确相关人员如何开展伤害监测工作，收集什么信息，对事故伤害信息如何统计分析、结果如何展示，如何报送上级部门及相关方，如何利用伤害监测结果来策划实施及调整项目等。工作机制内容应明确伤害监测机构的职责、工作范围、工作程序等。

③定期了解当地伤害监测数据。如果伤害监测数据不是按年度的，则需要在申请文件中注明，并说明能够提供的数据来源，以及相应的数据周期。如果所需信息不全，可通过入户调查等方式补全信息。

④在数据分析的基础上有效地开展和实施相关活动，以解决社区中最常见的伤害问题。如有可能，极力建议社区能够与伤害流行病学方面的专家或机构进行长期

合作，为社区提供伤害流行病学分析。

入户调查是最经济的数据收集方式之一。一次入户调查收集的数据，可以为社区组织活动提供长期参考。调查中只需向被调查者询问过去一段时间内发生的伤害情况，以及造成的原因、发生的地点等，便可收集足够的信息。过去一年中与伤害相关的入院治疗也是很有价值的分析数据。

现场认证时，重点考察社区伤害数据的收集方法应该简单明了，满足能识别社区伤害谱、危险环境、高危人群及其不安全产品。

2.4.6　评价方法要求

（1）准则条款。

有安全促进项目、工作过程、变化效果的评价方法。

（2）理解要点。

项目评估让社区能够衡量他们采取行动所取得的结果和影响。申请社区需要可测量的指标来指导各项活动的开展，每个项目都需要自己特定的目标，并且可测量。申请社区可以通过干预前和干预后的信息的对比来进行评价。

如果社区设定了清晰而可量化的项目目标，就更容易对项目实施效果进行评估。社区应制定评估安全促进绩效的方法，通过工作过程的监测，环境安全的监测，社区事故与伤害监测效果的分析，安全促进结果的监测，评价目标完成情况，评价安全措施实施效果。评估方法包括定期、不定期的安全检查，安全评价、媒体监督、群众满意度调查，不同阶段和时段伤害监测的分析及对比等。评估可以总结经验，发现问题，更重要的是为策划新的计划和项目提供依据。

一般的，根据评估的阶段，可以把安全社区绩效评估分为需求评估、过程评估和效果评估。

①需求评估。社区应采用有效的方法对安全社区建设各项计划在过程中和实施早期进行需求评估，以确定该计划的必要性和可行性。

需求评估内容应包括：安全社区建设目标和计划的可行性；社区主要安全问题、安全需求和影响因素以及与这些问题有关的组织机构、政策和资源状况需求；策划的安全促进项目与社区安全需求的符合性；安全促进措施的可行性和有效性；各要素实施需求。

②过程评估。社区应动态观察和评估建设计划和安全促进项目执行情况，及时发现存在的问题，确定应持续进行或应调整的计划和项目，以便改进和调整，过程评估内容应包括：安全社区建设计划的实施情况；各项工作制度措施的适宜性、充分性和有效性；安全促进计划执行情况；安全促进措施的有效性；事故与伤害风险控制情况；事故伤害数据的变化情况；目标人群的安全意识与能力的变化情况。

③效果评估。社区应对安全社区建设效果进行评估，不断消除、降低和控制各类事故与伤害风险。

效果评估内容应包括：安全社区建设与标准要求的符合性；事故与伤害预防目标的实现程度；安全促进项目效果及目标的实现程度；确定应持续进行或应调整的计划和项目；为新一轮安全促进计划和项目提供信息。

为了保持社区实施的安全促进项目、工作过程以及其他各项工作的适用性、充分性和有效性，标准要求社区组织相关人员定期对需求、工作过程、效果进行评估。考虑到持续改进是通过过程的运行和改进来实现，体现在建设的各个方面，因此没有把持续改进单独作为一个要素，而是要求在各个方面体现。

安全社区绩效评估的对象是安全社区建设工作的方方面面，包括需求、实施过程、效果，针对评估的结果提出改进措施，从而真正使评估贯穿于安全社区建设整个过程。原则上每年至少对建设工作组织一次全面的评审评估，对安全促进目标、指标的完成情况、各类工作机制的建立和实施情况，发现、分析、纠正和改进评审工作中发现的各个问题进行全面评估，针对性提出改进计划。

准则对绩效评估的责任人、地点、形式等均未作明确的要求，这一点在实际工作中有较大的灵活性。社区在开展各类评估活动中，可以灵活地规定时间间隔、会议内容、参加人员等。评估前各工作组并不是都必须写各自总结、评估报告等，只需在规定的时间间隔内将标准要求的内容以灵活的方式进行评估即可。

年度评审内容包括建设整体情况（安全社区工作各方面）和重点项目的实施与效果；由于具体细节问题（例如，项目内部促进措施的执行问题）可在日常工作中通过正常手段处理，年度评审需将重点集中在安全社区建设总体绩效上和重点项目的执行上。年度评审可充分结合社区现有的各类安全相关的年终考评、工作总结或项目总结、上级政府部门年终检查评估等形式开展。评审的领导是社区促进委员会主要负责人，要由"一把手"主动领导、策划、组织和参与评估的全过程，只有这样才能保证评审工作的全面和效果。促进委员会对评审工作全面负责。标准的符合性应按照评定指标进行评价；项目绩效评估方法主要有伤害调查与中期评估、安全检查、事故统计分析、满意度调查评估、安全知晓率变化、客观证据比对等几种。

（3）基本要求。

社区应尽量设定量化的目标以引导他们开展相关活动。对于每项活动，也应该尽量设定具体的、可量化的目标。据此，可以获取活动前和活动后有关行为变化的信息，可以测量多少人参与该项活动，并从中获益，以及该活动对整个社区安全状况的总体影响。对于此项准则的基本要求包括：设定长期的社区安全促进和伤害预防项目目标；对具体安全促进和伤害预防措施设定长期目标，并据此对活动效果进行评估；建议社区与能够提供评估工作的个人或机构保持合作关系，例如当地的大专院校和科研院所，为社区提供评价方面的支持。

社区应定期对安全社区运行情况进行评审，验证各项工作制度措施的适宜性、充分性和有效性，检查安全促进工作目标、指标的完成情况。

①建立绩效评估评审机制，明确对建设工作建设需求、建设过程及效果评估方法和程序，制定评估评审方法、负责部门、周期、过程、报告与分析等要求。

②社区应每年至少组织一次安全社区建设情况评审（两次相隔不超过12个月），验证各项工作制度措施的适宜性、充分性和有效性，检查建设工作目标的完成情况。

③年度评审工作实施流程。

制定评审计划。年度的评审计划由建设办制订，报领导小组批准后实施。评审前应制定具体的实施计划，实施计划应在评审前较长时间内完成，为评审留出准备时间。

评审准备。建设办应根据参与的单位和评审内容，组成评审组，评审组应不少于3人，必要时可聘请有关的专业人员或专家参与评审组。

评审实施。通常采用会议的形式，告知大家评审目的、评审内容、评审计划、各方职责和任务等。评审组通过交谈、查阅文件（记录）、现场检查等方法搜集客观证据，用以判断安全社区建设的符合性和有效性。

制定整改工作计划。应在评审结束后整理评审中发现的问题，明确整改项目、责任部门或单位或工作小组。责任单位或部门应在规定时间内，完成对原因的分析及纠正措施计划的制订。整改措施的计划完成时间视实际情况而定，原则是从严从快。

撰写年度评审报告。评审报告的内容包括：评审的目的和范围、评审人员构成、日程安排、评审形式、评审概述、问题项、整改建议和计划等。

在评审的基础上制定持续改进计划，持续改进计划内容包括修改完善安全目标、指标、各类管理制度、要求；策划实施新项目，开展下一周期（年度）的安全促进工作。

社区主要负责人应全面负责年度评审工作。评审应形成正式文件，并将结果向相关社区成员通报。

2.4.7　活动参与要求

（1）准则条款。

积极参与本地区及国际安全社区网络的有关活动。

（2）理解要点。

社区应积极参与以互相交流为目的的安全社区活动，通过交流，取长补短，促进本社区安全健康工作的开展。交流形式包括外部交流和内部交流。

外部交流包括国际交流、国内交流活动：参与国际安全社区网络活动，例如每年一度的世界安全社区大会；参观考察国际安全社区。国内交流：例如安全社区研讨会、经验交流会，安全社区培训讲座，参观先进社区等。按照要求，通过确认的社区，如果长期不参与国际安全社区网络的相关活动，将会被撤消"安全社区"资格。内部交流指社区内部各单位、各部门之间的经验交流、情况交流和安全信息交流。

（3）基本要求。

申请社区应该至少参加过一次全国性或区域性的安全社区相关活动，或参与安全促进和减少伤害相关的培训活动，以及国际安全促进活动，如此才有资格加入国际安全社区网络。根据世界卫生组织和联合国的定义，区域性的活动指申请社区所属国家或地区所在的大洲的活动。这些活动包括以下几方面：

①全国的或区域性的安全社区相关会议；

②与跨国界合作伙伴共同举办的安全促进和伤害预防活动；

③在被命名为国际安全社区网络成员之前，申请社区都被要求参与国际安全促进活动。申请社区必须承诺在成为国际安全社区成员的前三年中派遣代表参加至少一次跨国界安全社区会议。此外，国际安全社区网络成员还必须承诺每隔十年参加一次跨国界安全社区会议；国际安全社区会议跨年度举行。

④鼓励所有安全社区网络成员申请主办国际会议或研讨会。申请社区也可考虑在举办一次会议或大型活动的基础上，附带举办一次研讨会。会议主办方竞选活动每年举行一次，主要通过在安全社区通讯上发布公告的形式开展。

现场认证时，也会对社区参与的经验交流情况及参与网络活动的工作计划进行了解。

3 国际安全社区建设程序与内容

3.1 正确看待安全社区

按照民政部的定义，"社区"是在一定地域范围内，按照一定规范和制度结合而成的，具有一定共同经济利益和心理因素的社会群体和社会组织，在这里一般指城市街道、农村乡镇和各类功能型社区。

随着改革的深入和社会主义市场经济的发展，社会成员的"单位"属性逐渐减弱，大量"单位人"转为"社会人"，大量农村人口涌入城市，社会人口流动性加强，教育、管理工作弱化，使得城市社会人口的管理处于松散状态，迫切需要找到一种新的管理模式。这种模式最好的选择就是社区式管理，因为一个人可以不固定地从属于一定的单位，但却必定生活在一定的社区里。而要达到这种社区式管理，需要实施社区建设。

20世纪50年代开始，联合国和100多个国家、地区已经把社区建设作为影响未来全球、国家或地区发展战略来对待。我国从20世纪80年代中期开始，从社区服务起步，到文明小区建设，再到全方位的社区组织体制建设，社区建设越来越受到重视。社区是社会整合的主要载体，是国家与社会的接口，是城市基层的社会共同体，是各种社会矛盾的交汇点，社区也是基层民主政治建设的平台。社区发展已成为当今国际社会的流行语。随着我国经济和社会的发展，距离全面小康社会建成的目标越来越近，公众和社会对安全的要求也就越来越高。按照马斯洛理论，生存是第一位的需求，而安全是第二位的需求，在大家都满足了第一位的需求后，也就积极追求更高的目标。保障公众的生命安全，是政府的责任，也使得安全工作受到了更多的关注。

社区是各类人群生活工作的所在地，也是各类危险源的所在地、事故伤害发生的第一现场。安全社区建设实质上是以社区为基础的安全促进，其显著特点是将"促进项目活动"从个体转向社区范围内的干预，使社区里的每个人都会重视伤害预防并参与其干预活动。在社区层面开展事故预防和伤害干预，需要了解社区的主要伤害问题及其主要危险因素，并获得有效的干预方式、策略，把各类安全防范措施和策略落实到社区加以实施，以社区为基础的安全促进就凸显其重要性。

在我国，社区一般是指城市街道、农村乡镇、企业主导型社区和各类功能型社区，是一个有一定服务管理权限的区域。根据世界卫生组织关于安全社区的概念，一个安全社区首先是一个地方社区，这个地方社区至少应该具备两个条件：一是针对所有居民、环境和条件制定积极的安全预防计划；二是拥有包括当地政府、工商企业、消防机构和医疗卫生服务机构、志愿者组织和社区共同参与的工作网络，网络中各个组织之间紧密联系，充分运用各自的资源为社区安全服务。一个成功的"安全社区"可以将区内各个不同组织，以安全建设为纽带紧密地联系起来，运用各自的资源及服务，为社区提供一个安全健康的工作及生活环境。

安全社区是指建立了跨部门合作的组织机构和程序，联络社区内相关单位和个人共同参与事故与伤害预防、控制和安全促进工作，持续改进实现安全目标的社区。换句话说，某社区整合了辖区各类资源，成立了各方人员参加的负责安全社区建设的组织机构，制定了事故与伤害预防目标，组织和动员辖区单位和居民共同参与安全促进工作并取得了持续改进的安全绩效，这样的社区则可称之为"安全社区"。

从定义可以看出，安全社区并非仅仅以社区的安全状况为评判指标，更是指一个社区是否建立了一套完善的程序和框架，使之有能力去完成安全目标。就是说社区建立了相应的工作机制，一直在努力提升社区安全水平。安全社区的内容，涉及人们的生活、工作乃至环境各个方面，涵盖了交通、工作场所、公共场所、学校、老年人、儿童、家庭、体育运动等诸多领域，是个"大安全"概念。

安全社区建设所涉及的工作都是社区工作中重要的内容。近年来，安全社区建设工作倍受关注，大致有3个方面的原因：老百姓的需求发生了变化；社区管理体制发生了变化；公共安全体系建设需求发生了变化。

推动安全社区建设，至少对5个方面工作有益：

（1）对社区的安全状况有全面掌握。

这是第一步，就是在建设过程中首先是要掌握辖区各类状况，做到"心里有数"，便于采取针对性措施，消除各类工作盲区。

（2）有序解决重点问题，降低了社区安全风险。

安全社区建设要求针对重点问题开展针对性的工作，整合所有的资源、综合施策，对社区重点安全问题进行有效管控，减少了事故伤害，也整体提升了社区的安全系数。

（3）辖区各类资源联系更紧密。

整合跨界跨部门的资源，建立跨界合作协商伙伴关系，使社区"碎片化"的资源得以整合，不仅解决安全问题，同时为开展别的社会治理工作也提供了良好的体制机制框架。

（4）推动了社会管理创新。

很多安全问题的解决，仅靠传统的宣传教育、检查等手段难以解决，需要社区依托自身资源，创新监管和管理方式，既解决安全问题，也推动了社会管理创新。

（5）直接有效解决各类安全问题。

开展安全社区的目的之一就是把各类安全事故伤害防范策略落实到社区层面加以解决，直接针对存在问题采取管控措施，解决具体问题。

3.2　理念导入准备

3.2.1　进行决策

在开展建设之前，相关决策者要下定决心开展建设。安全社区理念再好，开展建设的愿望再迫切，如果不付诸实践就一切都是空谈，社区负责人必须基于实际状况，做出开展安全社区建设的决策，把安全社区建设作为"一把手"工程予以推进，领导班子统一思想，下定决心组织实施。

3.2.2　明确建设工作的定位和目标

安全社区理念的导入要"稳扎稳打，快速推进"，"稳扎稳打"指的是，要一步一个脚印地去实施。操之过急容易忽略某些重要步骤，后面肯定会受到影响。"快速推进"则指的是，在切实走好每一步的基础上，尽可能在短时间内完成准备工作。如果策划和准备时间过长，就会让人觉得疲惫而失去兴趣。

虽然不同社区，很多安全风险及事故伤害问题是类似的，但是总是由于其社区结构导致一些特殊的问题，存在个性化的需求。社区应将什么作为目标，目标达成时会出现什么情形（期望出现什么情形），需要将这些问题具体化，形成富有社区自身特色的愿景和目标。

安全社区建设定位也可以说是愿景和目标本身，也就是说把安全社区作为一个普通的项目，还是将其作为社会管理、基层安全风险防控策略的核心。定位本身和地区的发展状况密切相关，建设工作不同的定位，例如作为社会管理创新工程、民生工程或夯实安全生产双基的平台，那么建设的侧重点也就有所不同。

为了最大程度提升安全社区建设工作效能，应确保安全社区项目成为计划和实施以下各方面工作的重要组成部门，安全生产、卫生健康、农村和城市发展、城市规划、应急管理等安全社区建设项目应尽量和"文明城区""平安社区"建设等结合起来，整体推进。

3.3　确定建设条件

安全社区建设的实施是有条件的，社区本身的职责就是社区建设和服务，但是安全管理、安全服务工作相对弱化，做好服务本身很重要，但是存在安全工作盲点、频繁发生事故和伤害的社区难以提升居民的满意度。安全感是居民非常关注的指标，一个没有安全感的社区，公众也是不能接受的。

作为安全社区建设的条件，重要的就是发挥社区的主观能动性。强加于人或命令式的建设工作往往难以长期坚持。如果社区不是真正接受安全社区的方法理念，建设工作难以持续有效推动。真正让社区了解安全社区理念，理解建设工作的必须性尤为重要。

3.3.1　调查摸底，了解社区安全现状

安全社区建设目标、定位和推进明确之后，下一步就是把握与安全社区建设相关的社区现状。《孙子兵法》中说道"知己知彼，百战不殆"。意思就是，只有充分掌握敌和我的情况，才不会打败仗。安全社区建设也是如此。把握现状，推算出理想与现状的差距，就是需要解决的问题。

首先应大致地把握以下内容：
（1）与安全社区建设相关的一些工作机制现状如何？
（2）各领域的安全状况如何？是否存在安全服务工作盲区？
（3）现在是如何安全管理的？现在的安全管理是否能解决问题？
（4）公众（不仅包括居民）、领导、辖区单位对安全社区的理解如何和接受程度如何？
（5）与安全社区建设目标对应的各类指标状况如何？

3.3.2　选定建设工作的指导者

安全社区建设是项技术性较强的工作，部分环节具备一定的技术含量，必须有强有力的技术支撑。应建立有效的专家技术支撑，获取专家指导。建设骨干人员时间的投入固然重要，但训练和培养、专家的技术指导也很重要。

社区内部如果有专家的话，可以让其指导，但也存在一些缺点。比如，不能客观地看待问题，由于复杂的人际关系，不方便直言不讳地给出意见；建设人员也因难以真正听取内部人员的建议而难以发挥作用。

外聘专家则可以克服这些缺点，但是外聘专家难以持续指导或不真正了解辖区实际情况也是一个值得关注的问题。

3.3.3　确定建设工作推进方法

安全社区建设就是消除目标和现实的差距，即消除差距。建设工作方法就是如何消除差距，即如何接近理想的方法。在旅行中，确定了目的地后，通往目的地的方法不止一个。前往路线的选择会因交通方式差别、季节条件、天气原因等而发生变化。安全社区建设也是如此，建设工作推进也必须考虑诸多因素，因此，拥有丰富经验和专业知识的指导专家发挥的作用就至关重要。

常见的方法有以下2种。

（1）小规模试点：在精心选定的地区开展小规模的试点，是为能在一个大范围的项目中开展活动的方法、类型和影响的预测试。通过试点项目所吸取的教训，可用在大范围推广之前对项目进行改进。

（2）项目试点：针对辖区实际，选定重点问题，策划实施项目进行试点，很多项目的实施程序基本上是类似的，有效的项目试点可以积累项目实施经验。

3.3.4　确定建设工作推进组织

按照《国务院安委会办公室关于进一步深入推进安全社区建设的通知》（安委办〔2011〕38号）中的要求：逐步建立完善"党委领导、政府负责、安委办牵头、多元参与、联合共建"的工作机制，这就明确了在我国，安委办是安全社区建设的牵头组织，安委办牵头有利于统筹各类资源，强化基层基础工作。但这并不是绝对必须的模式，各社区可以根据实际情况，以能统筹推进整体安全建设工作为基本原则确定推进组织。

建设工作推进组织作用非常关键，起着整体协调、统筹的功能，在一定程度上决定建设工作的成败。确定推进组织是需要注意：

（1）确定合适的负责人。安全社区建设是一项复杂的系统工程，涉及因素和环节众多，建设工作除了"一把手"重视之外，具体负责人的素质、业务技能、统筹协调能力等对建设过程和效果有较大影响。身为负责人，重要的是能了解建设准则标准，能结合社区实际情况深入思考，具有激情。

（2）各部门选派联络员。为了确保跨界跨部门的合作，同时统筹推进建设工作，从重要部门选派联络员对于建设工作非常重要。

（3）明确推进组织的职责。要想高效发挥推进组织的作用，必须明确推进组织的职责，明确其工作程序和形式，真正发挥其应有作用，使跨界合作和各项工作落到实处。

3.3.5 确定建设工作的资源

任何工作都需要最低限度的资源，虽然安全社区建设工作以日常管理工作为基础，但并不意味着不需要额外的投入，反而是需要大量的资源。因此领导层应为建设工作提供保障条件。

建设工作需要的最重要资源是人，资金投入也是需要的。同时要保证建设骨干的工作时间，配备专职的建设工作人员也是保障建设工作顺利的可行方法。资金投入主要用于社区基础改造、提升安全工程技术水平、引入社会组织提供专业化服务等。

3.3.6 确定建设工作实施的具体办法

安全社区建设工作就如同战役，需要精确把握敌我情况，考虑具体的应对方法。安全社区建设推进过程中，要紧紧围绕开展建设的定位、开展建设解决的最主要问题，按照安全社区建设的环节和程序，一步步推进宣传发动、社区诊断、项目策划实施、监测监督、年度评审等工作。

安全社区建设准则只是提供了一个共性的工作框架和通用的工作要求，具体的实施方法因社区的历史、规模、特点、人员构成的差异而不同。即使在同一个社区，其状况也会随时间而改变，不同建设阶段需要结合实际采取不同的方法。

3.3.7 提高建设人员的积极性

无论采取何种实施方法，安全社区建设最终靠具体人员来组织实施。建设工作的成功与否与具体工作人员的积极性息息相关。领导对此应有所理解并采取措施来提高建设队伍工作的积极性。

提高建设人员的积极性办法有很多，但是对不同的社区来说方法也不尽相同，同一社区的不同时期方法也会各异。常见的有以下几种：

（1）实施培训。首先，正确理解安全社区尤为重要。但是向建设人员作深奥难懂的报告或单方面的陈述收效甚微，通过有效的交流和探讨来提升建设队伍对安全社区建设工作重要性和必要性的认识，可以提升建设队伍的积极性。

（2）经验交流。百闻不如一见。向优秀的建设单位和社区，尤其是示范社区学习和交流经验是有效的办法。

（3）建立"合理化建议"机制。实质上就是要重视具体人员的建议。能够自由提建议的话，就会使建设骨干人员切实感受到建设工作的存在。建议如果能迅速实施的话，具体建设人员就会越来越有积极性。

3.4　安全社区蕴含的理念

安全社区项目隐含的基本理念是强调各个领域内的安全干预与伤害预防，包括针对所有年龄、环境和状况。项目的理论框架以常规的健康促进概念和社区参与策略为基础。当地卫生部门的数据为输入和结果评估提供了一个良好基础。

要强化合作。在很多工业化国家中，为市民提供安全是一项公共事业——该事业已通过国家立法并明确了各部门的职责。这在设计跨部门合作时需要予以关注，如果已明确了不同部门的职责，那么首先就是要在此基础上、基于原有的职责分工来改进合作，否则就难以实施。跨部门合作的难点之一就是相关部门的责任一旦没有划分清楚，一些组织就不想履行职责。

尽量以现有结构为基础。安全社区模型隐含的理念是尽量依托社区现有的组织与机构。如何来搭建组织机构并没有统一通行的方案，一些好的案例可以作为参考。也要关注绩效评估，评估可以为项目改进提供依据。

在安全社区建设中，伤害监测及数据分析是基础工作，伤害信息和社区其他信息一样，发挥着重要作用。伤害预防应从分析使用地区伤害数据信息入手。

Leif Svanström 是国际安全社区项目的奠基人，他最富创意的思想就是提出了安全社区的概念，这在当时是个很大的创新。在 20 世纪七八十年代，Leif Svanström 教授提出了安全社区建设的四大支柱。

第一个支柱是基于卫生部门职责，其不应局限于处理伤害和疾病，同时应记录分析和提醒居民疾病和伤害对健康的影响。基于此，WHO 提出了"全民健康"概念。

第二个支柱是提出了要把社区安全促进作为一个综合性、系统性的方法来预防事故伤害。伤害预防对社区而言并不新奇，而是基于地方流行病数据采取综合性治理策略来预防伤害。

第三个支柱是社区安全工作应基于合作和跨界协同。社区主要领导应联合非政府组织、公共机构和商业部门代表等开展头脑风暴来讨论伤害预防策略并取得实际绩效。

第四个支柱是公众不仅是伤害预防的客体，而更应该是积极的参与者。

3.5　制定建设工作计划

安全社区建设只要认真实施就一定会出成效。但是要尽可能地按照既定目标去推进。管理循环是 PDCA。安全社区建设也必须紧紧围绕"PDCA"循环展开。因此制定建设工作的推进计划很重要。

3.5.1 安全社区建设工作实施方案

制定建设工作整体计划，也就是安全社区建设工作实施方案。

实施方案是社区开展建设工作的纲领性文件，是对建设工作各项活动的整体描述，而各项活动开展都是依据实施方案的基本规定加以细化、补充，并成为具体的标准、制度。全面地、系统地描述社区的状况、安全体系，具体内容包括以下几方面。

（1）社区的安全建设愿景、使命、建设工作目标、工作覆盖范围等。

（2）建设组织机构设置、职责权限、工作隶属关系等。

（3）工作要素描述，即对工作要素、要素实施程序的简要描述，包括制度的适用范围和内容，该要素的目标和实施该要素应遵循的原则、该要素的牵头部门及相关部门的职责和任务等。 对于不需要专门制定工作制度的要素，在实施方案中描述可适当详细些；对于需要制定工作制度的要素，简要描述、详见相关的要素实施制度。在描述这些要素时，应结合社区的实际情况，尽量具体。

（4）建设工作计划与步骤；重要工作时间节点安排；等等。

（5）保障措施。人、财、物等具体保障措施。

实施方案的编制要有系统性，又要避免面面俱到，冗长重复，不可能像具体的管理制度、规定、办法那样详尽，对各要素内容、实施工作要求等只需概括地做出原则规定。在描述时，要求文字精确、语言精练，还要通俗易懂，以便让相关单位、人员知晓和理解。实施方案在深度上和广度上可以不同，取决于社区的性质、类型、规模大小及人员的能力水平高低，以切实适应社区的建设工作需求为准。

工作实施方案的核心内容是描述各要素的基本要求。此内容之前是领导机构的启动建设安全社区项目决定、建设愿景和目标等。此内容之后是附录，一般包括组织机构图、要素功能分配表、工作进度表。

3.5.2 年度工作计划

制定年度计划的时机要把握好。计划制定得过于遥远无异于画饼充饥，不切实际，可以通过制定年度计划把中长期规划任务分解落实到具体年度予以实施。

3.6 安全社区建设步骤

安全社区建设具体可分为以下几个阶段和步骤。

第一阶段：培训与职责分配

步骤一　培训

A. 安全社区基础知识培训

1. 培训目的

（1）了解国际安全社区工作理念；

（2）了解建设准则的基本要求；

（3）了解建设准则的实施办法；

（4）了解建设工作的意义和计划。

2. 学习内容

（1）什么是建设准则；

（2）相关的术语；

（3）建设工作理念；

（4）建设标准要求及其理解。

3. 参加人员和学习时间

（1）参加人员：全体人员（特别是建设骨干队伍）

（2）学习时间：试规模而定。

B. 骨干培训

1. 培训目的

（1）了解建设准则的基本内容；

（2）领导在建设中的作用；

（3）了解为什么要实施建设工作；

（4）了解如何实施建设工作。

2. 学习内容

（1）建设准则的结构、原理和内容概述；

（2）重要安全社区建设准则相关术语；

（3）国际安全社区工作理念；

（4）领导在安全社区实施中的作用；

（5）安全社区策划、实施、评审和不断改进的过程。

3. 参加人员和学习时间

（1）参加人员：社区领导、分管领导、各有关部门领导和具体工作人员。

（2）学习时间：试规模而定。

C. 文件编写技能培训

1. 培训目的

（1）掌握建设工作文件编写方法；

（2）如何结合本社区实际编写有关文件。

2.学习内容

（1）实施建设需要制定的文件；

（2）实施方案编写；

（3）年度计划制定；

（4）要素实施文件编写；

（5）重要实施过程记录编写。

3.参加人员和学习时间

（1）参加人员：各有关部门领导、建设办成员，专职建设人员。

（2）学习时间：1～2天。

步骤二　建立跨界组织

A.领导小组——安全社区促进委员会

开展安全社区建设，领导是关键，社区领导应作出正确决策，并积极地带头参加这项工作：

（1）带头学习安全社区理念和知识；

（2）积极推动建设工作；

（3）提供人力和物力支持；

（4）成立领导小组，主要领导都应当参与；

（5）任命建设工作负责人，明确并负责建设过程需求的职责；

（6）及时处理有关重大问题；

（7）组织年度评审。

B.工作机构——建设办（安委办）

为了推行安全社区建设，社区应成立专门工作机构，临时负责组织协调工作。应保证：

（1）依托的机构具有协调、监督权限；

（2）人员应跨界跨部门，相关重要部门设有联络员，负责联络工作；

（3）负责建设工作人员应相对稳定；

（4）有骨干力量。骨干人员应对建设准则有较全面系统的学习，最好有相关工作经历。

C.具体负责人

（1）社区应按准则要求明确一名领导负责建设日常工作；

（2）具体负责人应由"一把手"任命或指定，并得到领导小组成员认可；

（3）具体负责人应承担如下职责：

①确保按准则和规范要求建立、实施和保持安全社区；

②向"一把手"和领导小组成员汇报安全社区建设情况，以便评审和改进；

③在跨界部门内积极宣传安全社区工作理念；

④负责跨界跨部门的内部沟通和协调；

⑤积极参与相关交流活动。

D. 工作组 / 项目组设计

（1）工作组或项目组是负责本领域安全工作的协调性机构，其负责人或牵头组织一般由具有相关职责的政府部门或人员担任，协调相关部门参与具体问题的情况摸底和解决；

（2）工作组可能包括很多项目组，项目组是解决具体问题的，设置上具有明确的指向性；

（3）工作组/项目组应承担如下职责：

①对本领域或具体问题进行摸底调查，确定工作重点；

②确定工作目标和计划；

③明确职责、加强沟通、协调资源；

④按照职责实施安全促进；

⑤定期分析和评估工作进度及效果。

步骤三　系统调查—安全诊断

安全社区建设绝不是另起炉灶，更不应当把它作为一个简单的项目，应在现有组织机构和制度基础之上按照标准要求进行补充和完善，填平补齐。否则，很容易形式化、表面化，失去建设安全社区的意义。因此，要建设符合标准要求的安全社区，必须搞清楚自己的情况，摸清自己的家底，包括已取得的成绩、行之有效的惯例、存在的主要问题或差距、改进的空间与可能性、群众的建议和要求等，搞清楚社区伤害预防工作处于什么位置、处于什么水平。在此基础之上，才能够策划出符合实际情况的、具有可行性和可操作性的建设计划。社区安全诊断工作流程详见图3-1。

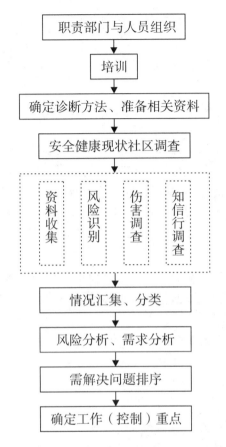

图 3-1 社区安全诊断工作流程框图

A. 社区安全诊断内容

（1）现有安全组织机构设置、职责划分及其适用性。例如安全生产、交通、消防等监管机构的设置、监管队伍建设情况等是否满足上级部门或单位要求及工作需求；对"九小场所"的安全监管职责是否划分明确等；

（2）现有安全管理制度及其适用程度和有效性。包括各类安全制度的有效性，例如日常安全巡查制度、隐患排查整改制度等；

（3）收集与分析近年事故与伤害等相关数据；

（4）安全现状与相关法律、法规、标准及上级要求的符合程度；

（5）识别各类场所、环境、设施和活动中存在的危险源并评价其风险程度，保证其充分性；

（6）分析和确定社区成员的安全需求；

（7）居民对安全知识的掌握情况、态度状况和实施情况(知、信、行）情况；

（8）现有工作与国际安全社区建设准则要求的差距分析。

B. 安全诊断的目的

通过安全诊断，达到以下目的：

（1）现有安全工作与建设标准的符合性：找出现状与建设准则要求之间的差距；找出形成这些差距的原因；

（2）确定工作范围和社区安全工作重点；

（3）确定工作场所安全、交通安全等安全领域的需要干预的问题；

（4）对需要干预的问题进行评估，掌握"问题"状况和发生原因；

（5）根据社区实际情况、结构组成确定建设准则各项要求的适用性；

（6）识别、确定对现有安全工作进行调整的内容：要素确定；机构调整；制定或修改文件（管理制度）；需新编制的文件（清单）。

C. 安全诊断的依据

安全诊断工作应围绕安全社区建设准则要求、法律法规和上级部门或管理单位要求、居民需求等而开展。根据各社区具体情况，诊断的依据可以归纳为以下几个方面。

（1）安全社区建设准则要求；

（2）法律法规及相关标准要求；

（3）上级部门或管理单位要求；

（4）风险管控需求。

D. 实施安全诊断的人员

社区可以自己实施安全诊断，也可以委托专业技术组织参与；实施诊断的人员可以为咨询人员和内部工作人员。

1. 咨询人员

如果社区聘请了咨询人员，诊断工作可以其为主进行。为此咨询机构可以委派专门的诊断、检查工作人员，制订计划，在社区确认的基础上按计划进行诊断。

2. 内部工作人员

如果社区有经培训合格并能胜任该项工作的人员，可以授权成立一个安全诊断组进行诊断工作。

一般地，社区尽量依托自身力量开展诊断，但是可以外聘一名专家顾问指导建设过程。

E. 安全诊断工作的实施

（1）确定诊断小组和各分组；

（2）确定各自诊断范围和诊断对象；

（3）制订诊断计划，编制诊断文件资料；

（4）诊断分析

①与居民交谈，了解情况；

②现场检查和勘察；

③了解现有安全工作情况，收集相关资料；

④以往事故伤害数据分析；

⑤风险分析，确定可能出现的事故伤害。

F.提交安全诊断报告

社区安全诊断报告应报告以下内容：

（1）社区概况和安全基本状况；

（2）诊断组织与采用的方法；

（3）安全诊断过程；

（4）安全诊断结论（需要干预的问题及问题基本情况，现有工作和建设准则要求的差距）；

（5）安全促进工作目标计划。只有设定了明确的目标，才能使项目组成员团结起来，协作配合，为实现目标而努力工作。安全促进项目目标应合理、可行，尽量具体。要有针对性，明确要解决的问题，尽量予以量化。同时，社区应制定相关安全计划，确定实现目标的途径和方案；

（6）需新编制和修订的文件或管理制度（清单）。

步骤四　职责分配—跨界机构设计

A.确定安全社区建设愿景和目标

B.确定建设工作负责人

C.确定建设工作在原有基础上作哪些调整

D.设计调整跨界组织机构

（1）各成员单位职责应覆盖准则要求；

（2）各成员单位有清楚的职责；

（3）各成员单位工作之间有合理的衔接；

（4）职能分工（不改变原有的工作模式和职能）形成正式的文件，并经充分讨论；

（5）应把安全社区建设中的关键环节、改进工作在组织机构中都反映出来。

一般来说，安全社区建设组织机构包括领导机构、协调机构和执行机构三个层面。

安全社区建设领导机构一般由社区所在地政府负责安全社区建设的部门牵头，如应急管理、民政、社会治安等。相关机构如应急管理、民政、消防、居委会、社区服务组织、医疗机构、学校、公安、企业、志愿者组织、物业管理部门等的领导及驻社区单位领导共同参与组成，形成跨部门合作机制。人员数量依据实际情况而定，领导机构是一个非常设机构，其构成应基本涵盖社区内各类资源，各成员自愿参与其中并保证能够发挥应有的作用。上海市虹口区江湾镇安全社区组织机构，就是一个比较典型的跨部门合作机制（图3-2）。该社区的应急管理、民政、消防居委会以及社会组织都参与创建形成合作机制。

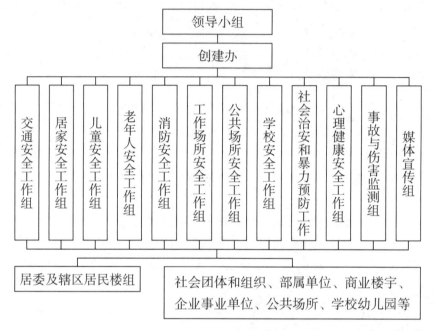

图 3-2　上海市虹口区江湾镇安全社区组织机构

安全社区建设领导机构的主要职责：①制定安全社区建设规划与目标；②制定安全社区管理规章制度；③定期召开安全社区推（促）进委员会会议，持续推动安全社区计划；④组织协调社区内外一切可以整合、利用的资源和力量；⑤解决安全社区建设过程中遇到的难题，推动社区建设工作顺利开展；⑥监督各工作小组有效执行年度工作计划；⑦检查社区内各项安全计划执行情况及绩效评估；⑧协助各工作小组取得政府及社会资源，包括人力、物力和财力资源；⑨组织参加国内及国际安全社区的各类活动。

安全社区建设协调机构：安全社区建设领导机构下设办公室，负责日常管理工作以及相关联络和协调工作。人员专职、兼职均可，但应相对稳定。

安全社区建设执行机构：根据社区安全诊断结果和目标要求，设立若干个工作小组，专门负责某一（或几个）专项的安全促进工作。工作小组成员由社区管理者、志愿者组织代表、有关技术人员、安全专家、该专项相关人员组成，形成资源整合机制。应针对社区存在或群众关心的主要事故与伤害问题尤其是高风险环境、高危人群和脆弱群体，组织实施形式多样的安全促进项目。各专项工作组还应有针对社区内各类高风险环境、高危人群和脆弱群体的安全服务和伤害干预措施。

　　在设置工作组时，可以根据社区安全工作重点和工作量，成立若干个工作小组或项目组，例如根据安全类别设置工作场所安全、消防安全、交通安全、居家安全、老年人安全等工作组；按照重点工作来设置预防农药中毒项目组、预防宠物伤害项目组、居家燃气安全组、山林防火项目组、留守儿童安全组、儿童预防溺水项目组、弃管小区安全组等。如果社区人员不多，机构比较简单，也可以只设一层机构：安全社区推（促）进委员会或若干个工作小组。总之，机构设置一定要根据实际情况而定，注重内容而不是注重形式。图3-3所示为北京望京地区安全社区组织机构示意图。

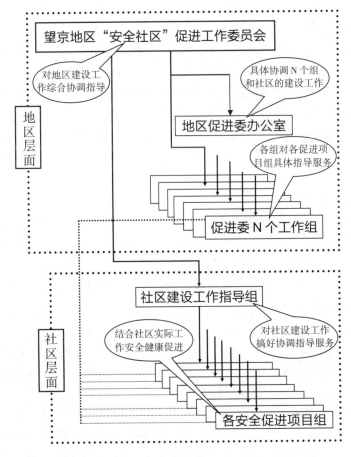

图3-3　北京望京地区安全社区组织机构

第二阶段：完善工作机制，编写工作文件

安全社区建设是一项综合性和社会性的工作，涉及面广、难度大、任务重，要持之以恒地做下去，必须有完善的管理机制，保障各要素的实施运行。

社区应在社区安全诊断的基础上，建立跨界组织机构运行机制、信息交流沟通机制、事故伤害记录机制、监测监督机制、评审与持续改进机制等，社区安全建设工作的各个环节均有章可循，以保证安全社区的良性运行。例如事故伤害记录机制，原来都是各部门按照各自职责要求开展或者是没有开展，那么就需要进行规范，按照准则要求和社区实际，明确记录的部门、记录内容、统计分析方法和程序等。

在对安全社区项目进行充分策划和设计的前提下，应对重点建设工作机制进行策划。一般而言，需建立的工作机制包括：跨界组织机构工作机制、社区安全诊断机制、项目策划实施机制、建设重点过程信息管理机制、重点项目过程评估机制，建设工作年度评审机制。

1. 跨界组织机构工作机制

包括促进委员会或领导小组的工作机制、建设办对建设工作统筹机制、工作组会议协商机制、工作例会机制、资金保障机制。一般需要建立健全相关规章制度，规范组织机构日常运行；各项目组也应结合实际，建立工作机制，明确开展安全项目的保障条件等。

建设办负责领导机构的日常工作，对整个建设工作起统筹作用，负责目标计划制定、资源协调、项目评审等具体工作，必须根据实际进行设计，形成持续改进工作机制。

2. 信息沟通与全员机制

建立政府与社会组织、政府与居民、社区与居民之间的各类信息联通渠道，确保信息沟通渠道做到"纵向到底、横向到边"，确定各类信息交流渠道的重点内容和工作要求、程序，及时沟通和交流安全促进项目实施及居民需求及响应情况等相关信息，促进各项服务与需求有效对接。搭建全员参与渠道，使社区成员全体有参与各类安全建设工作的渠道。

3. 社区安全诊断机制

负责安全诊断的牵头部门、配合部门、实施工作流程；各工作组如何评估安全领域状况，如何确定需要干预的问题（需要考虑哪些因素），对确定需要干预的问题如何评估，明确工作方法和频次。

例如，定期开展社区伤害谱分析，分析不同时段伤害的主要死因、发生情况严重的伤害种类等；结合日常工作开展事故伤害风险辨识，确定风险程度高的事故类型及危险因素并定期更新；定期开展特殊人群专项伤害调查，了解主要伤害类型及原因的变化等；定时汇总分析各类信息交流渠道反映的居民安全诉求信息，知晓居民的安全需求等。不同安全领域、项目组可能采用不同的几种方法开展诊断。例如，燃气安全项目组采用问卷调查、入户走访、居民访谈等了解居家燃气安全状况；而高危路段交通安全工作组可能采用现场查看、人员访谈等了解相关危险因素及其分布。

社区安全诊断应形成书面材料（或风险分析报告），材料内容应明确采用的诊断方法、实施过程、相关数据来源、评价结论、项目策划建议等信息。

4.项目策划实施机制

以需求为导向设计和开发安全促进项目，根据项目目标和内容，调动多方力量配置资源。在促进项目实施过程中注重评估，形成多方反馈机制，不断调整优化安全项目措施，实现安全促进目标。

项目策划实施机制需要明确工作组策划项目策划实施流程、干预措施的策划和确定方法、干预措施后组织实施流程，项目过程监控和纠偏标准和方式等，简而言之，就是要阐述清楚安全促进项目的立项、论证、实施和评估机制，说明安全促进项目具体什么条件才能立项、如何组织论证、项目措施是否可行、项目要达到的预期效果等。安全促进项目不仅针对的是事故伤害预防问题，还包括弱势群体关爱、社会管理创新、社区建设等内容，在策划项目时，一定要考虑社区实际、发展状况、经济条件等因素。

5.事故与伤害信息记录机制

沟通疾控、医院、交通、应急管理、消防、社会治安、学校、幼儿园、燃气公司、妇联等，如果没有建立则需要建立渠道并建立长期共享关系，确保获取各类事故与伤害信息；明确各类事故伤害信息填报的内容、上报程序，明确汇总部门、数据分析处理方法等，事故伤害数据如何应用等。

各部门、社会单位的事故记录格式应尽量按照各相关政府主管部门的规定设计，或在原有的基础上拓展延伸，各部门的记录应规定记录界限、内容、数据项目等，并如实填写。事故伤害监测部门、单位应至少每年进行一次统计分析（应根据实际情况，咨询有关专家后确定统计分析的方法和项目）；对事故伤害统计分析结果，组织有关部门和单位的人员商讨对策。

制定事故与伤害记录管理办法，该办法可以作为事故与伤害记录制度的一部分，也可以是单独的一项制度，该部分要求明确不同伤害记录的标识、收集、编目、归档、储存、维护、查阅、保管和处置等要求。

6.建设过程信息记录管理机制

安全社区涉及工作场所安全、交通安全、社会治安等多领域又包括众多部门、社会单位在内的众多单位，信息宽泛，没有必要对所有的建设过程信息都进行记录保存，所以要明确需要保存的过程信息，明确建设办、工作组、项目组的信息保存方式等，明确社区管理部门、辖区社会单位信息管理机制等。应制定相应的资料过程信息记录管理办法。

7.绩效评估评审与持续改进机制

明确评估评审组织、工作程序及实施流程，每年至少组织一次建设工作整体评审，及时改进安全社区建设工作，并根据需求和社区内外环境的变化，制定新的目标和计划。

步骤五　编写建设工作文件

A.列出文件清单

1.建设实施方案

（1）开展建设的范围；

（2）组织机构及职能的分配；

（3）重点工作及计划；

（4）保障条件。

2.要素实施制度

（1）需编制哪些要素实施文件；

（2）每个实施制度对应准则哪个要素；

（3）各要素之间有无重复、有无遗漏；

（4）各制度实施形成的记录。

要素实施制度是安全社区各准则/要素运行规范，是对工作机制实施的文件化规定；工作机制文件一般包括组织机构工作办法或规定、社区安全诊断要求或办法、项目策划实施办法（立项、论证与实施办法）、事故与伤害信息记录办法、建设过程重点信息保存及分类管理办法、基层应急管理办法（综合应急预案）、安全促进项目评估办法或程序、安全社区建设绩效评估评审办法等。

3.促进工作文件

（1）日常安全标准、制度、办法等；

（2）重点安全促进项目实施方案；

（3）促进工作及实施过程记录；

（4）项目会议信息；

（5）项目评估记录。

B.明确哪些只需要在原有制度上修改，哪些需要重新制定

C.分配文件或制度编写任务

1.各牵头部门承担具体编写任务

2.建设办负责协调和汇总

D.起草文件或制度

1.工作流程

2.描述准确、简捷易懂

3.语言规范

4.文件格式

E.文件或制度讨论

1.组织相关的部门讨论确定制度或文件的适宜性

2.检查确定文件的完整性

F.文件或制度批准发放

1.审核、批准

2.复印、装订

3.发放、签收

4.保存、销毁

第三阶段：正式实施

步骤六　实施建设

A.培训、宣传

1.培训：各类人员培训

2.宣传：工作理念

3.建设工作计划与实施

B.补充完善基础工作

梳理社区安全管理现状和法律法规、工作需求的差别，建立健全安全管理网络，实现各类安全工作全覆盖；明确工作职责，完善日常管理、专项巡查各类工作机制，实现各类安全问题的闭环管理。应急管理、消防、交通、社会治安等部门应对自身管理模式进行完善，根据辖区实际情况，完善动态管理机制，确保事事有人管、一事一主管、工作有模式。

C.安全促进项目试点及实施

为了实现事故伤害预防的目标计划，社区应针对事故伤害特点及居民安全需求，开展多种形式的安全促进项目。安全促进项目的策划是安全社区建设最核心的内容，其目的就是解决具体安全问题，有效管控事故伤害风险。在策划项目时，应尽量依据客观"证据"和考虑已被证明行之有效的干预措施，提供促进工作的效能。在实施项目时，应尽量进行试点并评估、总结和改进其相关经验，逐渐扩大促进工作覆盖面。

D.记录过程实施记录并保存以备提供证据

步骤七　运行及调整

当建设开始后，要对运行过程、工作机制的策划实施情况、重点项目策划实施、建设效果等进行评估，若发现存在一定缺陷需要及时修订，则应该进行定期调整。

A. 监督机制

建立和完善政府和安全相关部门的行政监督机制，包括组织建设、制度建设和队伍建设，规定并实施不同形式和内容的办法，监督社区安全绩效是否符合安全相关法律、法规与标准的要求，是否符合社区安全规划与要求，实现各类安全管理和监督的全覆盖。

建立和完善公众监督机制，鼓励和支持公众参与安全促进和绩效监督工作。

B. 监测机制

对各类事故与伤害以及其他不良安全绩效进行测量，并记录结果和数据。监测包括各类安全环境危害因素的监测，一般指伤害监测。

步骤八　年度评审、全面评审

（1）每年至少进行一次年度评审，按标准要求、结合社区实际制订评审计划并组织实施，评审活动的记录应保存完好，以便评定时检查。

（2）在评定前至少安排一次全面评审，全面评审类似自查，就是全面检验建设工作是否符合建设准则要求，是否和社区实际情况相符合、在事故伤害预防或重点安全问题的解决上取得哪些成效。

第四阶段：模拟认证，提出现场认证申请

步骤九　模拟认证或预审

在由国际安全社区认证中心正式组织现场认证之前，可以由国际安全社区支持中心（中国职业安全健康协会）组织专家进行一次模拟认证或预审。

步骤十　撰写申请工作报告，填写相关申请信息

按照国际安全社区认证中心提供的申请工作报告格式撰写申请工作报告，并按照指引填写相关申请信息。

第五阶段：接受现场认证，持续改进

正式接受国际安全社区认证中心组织的现场认证，现场认证过程中专家会指出建设工作不足和改进工作建议，社区应在对专家意见和建议进行分析的基础上对建设工作进行改进，并制定下一阶段工作计划。

无论通过认证与否，如果社区想持续开展建设，应：

（1）持续通过年度评审，提升目标指标，维持和不断改进建设工作；

（2）按照法律法规的变化，持续完善社区安全基础工作；

（3）不断完善原有安全促进项目，根据新问题和新形势策划实施新的安全促进项目，持续解决辖区重点安全问题。

4 国际安全社区建设范例

在我国，开展安全社区建设的主要有城市街道型社区、企业主导型社区、经济开发区（功能型社区）、农村型安全社区、企业或其他人员密集区、城乡接合部等类型。这里遴选出部分有代表性的案例，供安全社区建设单位借鉴参考。

4.1 城市街道（城区）型

4.1.1 成都锦江区国际安全社区

4.1.1.1 锦江区简介与建设概况

作为成都市核心城区、国务院确定的"商贸繁华区"，锦江区现有面积62平方公里，辖16个街道、64个社区、5个产业功能区。锦江区区内商贾云集，货通天下，繁富极盛，尽显"扬一益二""天下繁侈"盛况。2014年辖区总人口约69万人，其中户籍人口约42万人，60岁以上老年约占户籍人口数的20%。

2014年，辖区内高端产业集聚，星级以上酒店众多，有总部经济型企业313家、大型商场22家、星级酒店21家、高层写字楼66栋；全市首家国家级文化创意产业园——"红星路35号"，兰桂坊特色文化街区、国家4A级景区三圣花乡均坐落在此，是第12届《财富》全球论坛主会场所在地；区内有大中院校2所、中学及幼儿园近100所。锦江区为成都市老城区，有居民院落1065个，老旧院落1065个，无物业服务院落845个，含低洼棚区67个。老旧院落多建于中华人民共和国成立前或20世纪七八十年代，基础设施严重落后；有建筑工地230个。辖区牛市口—二环路区域为成都市传统的化学品经营一条街，静渝路为农资农药经营一条街，区内有15家加油加气站，2009年全区有危险化学品经营单位及储存单位161家。区内有各类小门店25600余家。

2009年12月，锦江区16个街道在四川省率先启动建设工作。在近4年的创建历程中，确立以建设工作推动社会管理创新，以创新深化安全社区建设的思路；不断宣传普及"整合资源、全员参与、持续改进"工作理念，构建完善"大安全"工作格局，形成了驻区单位共建、共享、共参与的良好态势。同时，锦江区依托安全社区建设，在全省率先探索街道管理、社区治理、社会组织管理"三大体制改革"，以及基层党组织建设、小区院落自治、社区民生服务、社工人才队伍建设"四大基础工程"，被四川省政法委总结为社会管理"锦江模式"。锦江区在建设过程中获得"全国平安建设先进区""全国残疾人社区康复示范区""全国社区管理和服务创新实验区"等荣誉。

4.1.1.2 建设历程

2009年12月，为了提升城市安全管理水平，提高生产经营单位及居民群众的安全素质，推进社会管理理念的更新、基层社会管理方式的创新，在四川省率先启动安全社区建设并举行了启动仪式。

2010年1月，成立锦江区安全社区建设委员会，明确区长为委员会主任，副区长为副主任，相关职能部门行政负责人和各街道党工委书记为委员会成员。

2009年12月—2010年6月，采取专家经验法、隐患排查法、专业部门数据统计法、问卷调查法等方式实施了社区安全诊断，初步建立了由锦江公安分局、锦江区安监局、交警三分局、锦江公安消防大队、锦江区疾控中心、各社区卫生服务中心（站）组成的事故与伤害监测网络。

2010年6—8月，开展形式多样的宣传活动，倡导安全、科学、健康的生活方式，强化自我防范事故伤害的意识，大力推广"持续改进，促进事故和伤害预防"理念和安全社区建设标准培训。

2010年9月，制定安全社区建设工作方案和促进计划，确定安全促进项目，并根据项目实施需要成立跨部门合作的创建工作机构。

积极推进区政府统筹协调、考核推进，街道承办实施的工作机制。截至2012年，全区16个街道中已有14个街道被命名为"全国安全社区"。2013年10月，锦江区被命名为中国西部地区首个区级"全国安全社区"，2014年，锦江区成为国际安全社区网络成员。

锦江区委、区政府发布《关于全面实施创建安全社区工作的意见》，锦江区政府发布《锦江区创建全国安全社区宣传教育实施方案》《锦江区建立创建安全社区社会组织的实施意见》，并自2011年起每年制定发布《锦江区创建安全社区工作推进计划》；锦江区委、区政府自2010年起将安全社区建设作为相关部门、各街道的主要工作目标进行下达，对项目推进实施情况进行量化考核；区创建安全社区委员会制定《安全社区建设联席例会制度》《安全社区事故与伤害监测制度》等制度。

锦江区成立了以区长为组长的安全社区创建领导小组，相关分管副区长为副组长，统筹推进锦江区安全社区建设工作；区创建领导小组下设区创安办，在各街道成立"创安"工作促进委员会，由街道党工委书记牵头负责辖区创建工作；在社区成立安全自治小组，由社区党支部书记牵头配合开展创建工作，形成了"党委领导、政府主导、三级推动"的创建体制。除了职能监管部门外，还将交管、供电、燃气等部门吸纳为区创建领导小组成员单位。锦江区在成立多部门、多单位参与的跨界合作机构的同时，建立了地方党委领导、政府部门主导、驻区单位参与、社会组织介入、志愿者队伍服务和居民群众自治的全员参与工作格局，保证安全社区建设的有效实施和运行。同时，领导小组下设14个专项工作组。

安全社区建设领导小组每季度末召开一次各项目成员单位联席会，总结该季度项目推进情况，部署下季度项目推进安排；区创安办每月25日召开安全社区建设工作例会，各项目组成员单位创安办工作人员参加，动态了解项目推进和实施情况。区内各全国安全社区每年制定安全社区建设工作计划，年终对当年事故与伤害监测情况进行汇总分析。

锦江区创安办安排了4名正式干部、招聘了6名专业人员专项从事建设工作。锦江区政府要求各部门、各街道主要负责人主抓，明确1名分管领导、不低于4名专职工作人员专项从事建设工作。

锦江区政府与锦江区疾控中心、四川师范大学等专业机构建立长期合作关系，其中四川师范大学每年安排4名在读研究生到区创安办采取挂职锻炼的方式参与工作。锦江区政府自2009年起投入数亿元用于安全促进项目的实施；区创安办日常工作经费：每年安排100万元经费用于安全社区建设日常工作。

4.1.1.3 重点项目策划实施

区各职能部门结合工作职责，制定各专项规划方案，稳步推进实施区域性安全工作。在工作场所、消防、交通、社会治安、居家、校园、公共场所、涉水、旅游、防灾减灾等方面整体推进安全促进项目，创新社区管理，持续推动全域建设工作。下辖街道除了承接整体推进项目外，还各自根据辖区实际策划实施个性化安全促进项目。锦江区重点安全项目见表4-1。

表4-1 锦江区安全促进项目列表

领域	干预项目	覆盖范围
工作场所安全	"五查并举"隐患排查治理项目	所有生产经营单位和公共场所
	企业安全生产标准化达标项目	所有生产经营单位
	安全生产网格化隐患巡查项目	所有生产经营单位和公共场所
	建筑工地安全项目	所有建筑工地
	汽车4S店职业病预防项目	所有汽车危险4S店
	危险化学品安全经营项目	所有危险化学品经营单位

续上表

领域	干预项目	覆盖范围
火灾预防	火灾预防社会化治理项目	所有生产经营单位和成员
	老式商场火灾预防项目	使用超过10年的3处老式商场
	老旧居民院落火灾预防项目	所有老旧院落，共计845个
	居民院落停车棚火灾预防项目	所有居民院落
	建筑工地宿舍火灾预防项目	所有建筑工地宿舍
	老式民房消防项目	6处老式民房
社会治安和暴力伤害预防	社会治安社会化防控项目	所有区域
	流动人口服务管理项目	区内所有常住非户籍人口
	老旧院落（小区）治安"三防"项目	所有老旧院落，共计845个
	社会矛盾纠纷大调解项目	所有区域
	外来务工人员调解室项目	沙河、双桂、狮子山街道
	邻里情互助社项目	东光街道
	罗大姐调解队项目	东光、龙舟街道
	大慈寺心理调解项目	合江亭等6个街道
居家安全	居民院落公共基础设施改造项目	所有居民院落，共计1065个
	社区物业管理规范化项目	所有居民院落，共计1065个
	居民自治项目	所有居民院落，共计1065个
	居民燃气安全项目	所有居民院落，共计1065个
	坝坝宴项目	成龙、柳江、三圣街道
	参与式互助义文化项目	水井坊街道
	"流星花园"小户型商务公寓式安全项目	35栋小户型商务公寓
交通安全	交通安全设施优化改造项目	所有公共道路
	重点车辆管理项目	校车、建筑运输车、危险化学品运输车等重点车辆使用单位及使用人
	静态交通安全规范项目	所有中小街道
	电动自行车交通安全项目	电动自行车使用人

领域	干预项目	覆盖范围
公共场所安全	升降电梯安全促进项目	所有升降电梯
	商场自动扶梯安全促进项目	所有商场自动扶梯
	塔子山公园灯会安全促进项目	塔子山公园
校园（幼儿园）、儿童安全	校舍结构安全加固项目	所有中学、小学及幼儿园
	校园安全基础设施提升	所有中学、小学及幼儿园
	中小学生心理健康项目	所有中学、小学
	"十大安全技能培训"普及项目	所有中学、小学
	3600生命安全进课堂项目	所有中学、小学
	成都三幼"基于监测的伤害预防"项目	8所幼儿园
	4:30"儿童之家"项目	双桂、东光等8个街道
	青少年空间暨962582青少年心理健康热线项目	所有青少年
	12355亲情家园项目	所有青少年
	四川师范大学交通安全促进项目	四川师范大学及周边
	四川师范大学学生心理健康项目	四川师范大学
	心爱星"幼儿园式"特殊儿童日间关爱项目	所有特殊儿童
老年人安全	"96169"养老助残热线项目	所有老年人
	"4+2"多级养老服务项目	所有老年人
	"长者通"智能呼援中心项目	所有有需求的老年人和残疾人
	老年人服务券项目	所有老年人
	老年人防跌倒项目	所有老年人
	社区老年人爱心餐桌项目	6个街道
	"一个观众的剧场"项目	所有独居老人和残疾人
残疾人安全	残疾人社区康复项目	所有残障人士
	盲人电影院项目	所有视障人士

领域	干预项目	覆盖范围
残疾人安全	"黑暗中对话"项目	所有视障人士
	精神疾病患者社区康复项目	所有精神疾病患者
	残疾人手工艺品制作技能培训项目	有就业意愿的残障人士
防灾减灾	应急避难场所建设项目	所有区域
	院落（小区）防灾减灾应急疏散地图	部分道路状况复杂院落
	防灾减灾急救进社区项目	各街道及社区
体育运动安全	猛追湾游泳项目	猛追湾体育游泳场
	公共体育设施安全项目	所有公共体育设施
涉水安全	沙河涉水安全	沙河锦江段沿线
	府南河涉水安全项目	府南河锦江段沿线
	活水公园涉水安全	活水公园区域
	东湖公园涉水安全项目	东湖公园区域

锦江区还将基层社区安全工作纳入居民自治工作范畴，充分发挥居民及其自治组织的主体作用，全区844个居民自治组织积极开展与安全相关的自我管理与服务，居民自发将与安全相关内容作为本院落（小区）居民公约的重中之重，共同遵守、相互监督。

强化老年人和残疾人安全服务。锦江区建立了区、街道、社区三级养老助残关爱服务机构和康复中心，在区内分别成立"三无"老人的养老中心和困难残疾人集中托养基地。在全省率先开通"96159"养老助残服务热线，打造"长者通"服务平台，运用现代通信及信息集成技术，全天候为老年人、残疾人提供救助救护和便民服务。在全省率先实行居家养老服务券制度，投入3000多万元以政府购买服务的方式，为老年人提供生活照料和居家安全服务。同时，为近800户残疾人家庭进行无障碍改造，安装安全扶手和坐式淋浴凳等，截至2014年，锦江区已成立200多个居家养老助残服务点、50家社区托老助残组织和4家养老助残机构。

重视老旧小区的社区安全问题，近年来，锦江区已累计投入1亿元，对全区850个老旧小区、无物业管理小区和涉农小区进行综合改造，对小区消防、交通和秩序维护等方面的隐患，进行全面排查整改。为全区150个缺失技防设施的老旧院落安装摄像头、监控器等技防设施800多套，设立了老旧住宅区房屋公共应急维修专项资金。将小区、院落技防设施并入"锦江保全联网报警系统"和"天网"工程，实现信息资源共享。在完善硬件设施的同时，不断加强院落（小区）的安全服务，成立社区物业服务中心53个，实现了全区1100多个社区、院落物业管理的全覆盖，区财政每年安排专项经费对520个老旧院落给予物业管理费补贴，帮助社区物业服务中心提高服务质量。

4.1.1.4 社会组织参与

锦江区安全社区建设的一个重要特点就是注重社会组织的发展，强调发挥社会组织的作用，使其承担和参与安全促进项目，利用专业化服务解决社会问题，创新了社区安全治理机制。

成立了全区性的服务机构——社会组织服务中心，搭建了政府、市场和社会互动的平台、社会组织的培育平台、市民自我服务的实践平台，成为全区社区社会组织的重要孵化基地；区、各街道和社区都分别成立了"创安"社会组织，吸纳专家、学者和专业机构代表作为成员，开展宣传、咨询、培训、监督和效果评价等一系列工作，按照"依托社区，服务群众""政府扶持，大力推进""自愿参与，市场运作""制度规范，严格监管"原则，积极培育和发展政府有需要、群众有需求的社会组织，重点培育和发展：公益服务类、社会事务类、安全维护类、慈善救助类、社区维权类等5类社会组织，以满足社区不同人群、不同项目实施需求，实现项目实施多元化。

为拓展安全社区建设中社会组织参与的空间，锦江区于2010起，将部分项目采取政府购买公共服务、群众有偿个性化服务、志愿者参与义务服务相结合的方式委托社会组织参与，构建起覆盖全域的服务网络，多样化地满足了居民需求。2011年以来，各项目组及街道向社区社会组织购买服务项目90余项。

在全国率先建立社会组织发展基金会——"锦基金"。锦基金于2011年11月30日经四川省民政厅批准成立，为地方性公募基金会，目前共募集资金2 240万元，"锦基金"旨在为社会组织发展和安全促进项目实施提供资金支持和社会监督。基金使用主要有以下4种方式。

（1）直接投入。向各项目组确定的重点项目如"长者通"、特殊儿童"幼儿园"式日托关爱中心项目、社区养老助残服务中心等直接投入。

（2）"TSP（the seed project）"项目。意为"种子计划"，即精选各街道确定的安全促进项目，委托社会组织实施，以此作为培育和发展锦江区社会组织参与安全社区建设。实施的部分"TSP"安全促进项目如表4-2所示。

表4-2 锦江区"TSP"安全促进项目列表

项目名称	社会组织	涉及区域
小学生命教育项目	绵竹青红社工服务中心	三圣街道
"心成长"青少年社区发展项目	成都心家园社工服务中心	成龙路街道
成都培力社工关注流动儿童社会融合项目	高新区培力社会工作服务中心	督院街道
留守儿童心理健康项目	高新区乐康关爱生命发展中心	水井坊街道
空巢老人居家照顾项目	绵竹青红社工服务中心	莲新街道
"馨·家"关爱老年人社区项目	成都心家园社工服务中心	牛市口街道
"志愿——百千人义工"关爱空巢老人结对服务项目	锦江区朗力养老服务中心	盐市口街道
长期病患支持网络建设项目	四川光华社工服务中心	东升社区
成都市锦江区律师协会基层人民调解项目	锦江区律师协会	锦江区
社区防灾减灾项目	都江堰市火凤凰社会工作服务中心	东光街道
锦江区新市民子女"城市融入"项目	武侯区新空间青少年发展中心	书院街道、狮子山街道
锦江区卓锦城儿童服务项目——"爱在社区"	成都青年会文化艺术培训中心	成龙路街道
宝佑儿童安全示范社区	高新区宝佑儿童公益事业服务中心	成龙路街道
"新视界"——单亲家庭关爱项目	光华社会工作服务中心	合江亭街道
"乐龄安享"计划（长期病患与晚期癌症患者社区照顾试点项目）	成都市同行社会工作服务中心	莲新街道

（3）"一个观众的剧场"项目。该项目由政府购买服务方式委托社会组织——爱有戏社区文化发展中心实施，关注城市孤寡、空巢老人的精神生活。由爱有戏组织文艺类社会志愿者深入到孤寡空巢老人家中，与老人聊天，并为老人表演节目。自2012年开展以来至2012年底，共开展活动240余次。2012年底，"一个人的剧场"团队作为成都代表队成员，参加中央电视台大型电视公益节目《梦想合唱团》

第二季，成都队在8个参赛城市中获得第二名，共募集到130万元的公益基金。

（4）"黑暗中对话"项目。该项目为"锦基金"委托上海的黑暗中对话（中国）社会机构开办，采取政府购买服务的方式由该机构负责运行。该机构引入德国社会企业家海宁克博士于1988年创立的"黑暗中对话"（Dialogue in the Dark，简称DiD）专利，已经涉及36个国家、170余个城市。该项目于2013年9月正式开放。该项目通过模拟视障人士工作和生活的场景，让正常人也能获得参与式的体验，以警示正常人士关爱视障人士，并发挥视障人士的特殊才能，让正常人士真正了解自我。该项目已经接待了超过6000名体验者，提供了20余残障人士就业岗位。2014年4月，"黑暗中对话"和锦江区残障人士就业创业实训孵化基地也在此设立，暗区将雇佣视障员工，广区将雇佣聋哑和轻度肢残员工。仅2014年6月，举办成都残障人士就业创业国际论坛。

4.1.1.5 评估机制与安全绩效

锦江区建立较完善的评估机制，定期开展建设工作和重点项目评估。例如：

（1）定期召开安全社区创建推进委员会，汇报安全社区建设工作进展情况，让委员会及社区各界对安全社区建设工作进行评议。如：2011年初的推进会上，议定在安全社区建设中重点发展社会组织参与安全促进项目。每年年终对安全社区创建工作进行总结和自我内部评审，并制定下一阶段的计划。如：2012年工作安全项目组根据日常走访的情况，增加了汽车4S店职业病防治项目；对安全促进项目所涉及的特定人群、特定单位进行调查或座谈，了解项目的措施及效果情况，有针对性地调整了相应项目的干预措施和重点。

（2）专家指导：每年邀请国家、省、市等安全社区专家顾问对安全社区建设工作及安全促进项目进行考核评估和年度评审。

（3）伤害数据分析：由各伤害监测单位收集各类事故伤害数据进行分析，作为项目评估和创建总体评估的重要依据。

（4）居民伤害回顾性调查：分别于2010年3月、2012年1月、2014年1月按照两年一次的频次，由伤害监测组按照常住人口的5%比例确定样本量，由各街道和社区实施居民伤害问卷调查，采取面对面访问的形式对上一年度居民意外伤害情况进行抽样。

（5）居民满意度调查：区政府委托锦江区社会组织发展中心、成都市神鸟数据公司等第三方测评机构对16个街道的居民意见和建议进行收集和评价，将各项评价结果进行纵向比较和排名。

（6）年终考核：每年年底由区创安办会同区安全办，对各部门、街道完成既定安全促进项目和干预措施的情况进行绩效考核，考核结果计入对部门、街道的年度综合目标考核分数。

锦江区通过安全社区建设，推动了全区社会管理水平和公共服务水平的进一步提升，使经济社会总体保持了平稳较快发展的势头，安全社区建设形成了全员参与、齐抓共管、全民受益的良好局面，群众的幸福指数随着安全指数节节攀升。事故下降情况见表4-3。

表4-3　锦江区主要类型事故伤害下降情况

时间	生产安全事故			交通事故			火灾（火警）			社会治安	
	事故总量	受伤人数	死亡人数	事故总量	受伤人数	死亡人数	事故总量	受伤人数	死亡人数	治安案件	可控性案件
2010	12.5%	16.67%	持平	-12.5%	0.7%	-6.06%	-2.43%	-33.33	持平	4.58%	8.01%
2011	12.5%	16.67%	33.33%	4.94%	18.17%	持平	8.71%	33.33%	无	14.04%	14.67%
2012	50%	50%	66.67%	25.78%	21.26%	12.12%	6.27%	33.33%	无	14.4%	19.01%
2013	62.5%	66.67%	66.67%	27.06%	34.57%	24.24%	11.15%	33.33%	无	26.19%	30.54%

4.1.2　上海花木街道国际安全社区

4.1.2.1　花木街道概况

花木街道位于上海市浦东新区行政文化中心，是集多项城市功能于一体的综合性的区域。辖区总面积20.93平方千米，有牡丹、由由、培花、钦洋、联洋、东城六大分社区及其41个居委会，共有184个小区、4416个楼组。截至2011年底，社区中外居民23万余人，有26个民族。社区内有中国浦东干部学院、上海新国际博览中心、东方艺术中心、世纪公园、上海科技馆、浦东图书馆等标志性设施。花木社区正以"建设成为现代化城市风貌的精品地区、高质量生活品位的文明地区、现代化管理新机制的示范地区"为总体目标大踏步地发展前进。

随着经济发展，社区事故伤害风险也随之加大；社区老年人口逐年增加，根据老年人伤害特点，跌倒伤害发生数会逐年上升；社区部分学校门口正对小区门口或是有机动车通行的次干道上，人流车流非常多，存在机动车、非机动车乱停放、小贩乱设摊等诸多问题，给儿童出行造成极大不安全因素。社区内的非机动车伤害数逐年增加，尤以电动自行车的普及使其成为非机动车伤害的主要交通工具。非机动车人员的交通安全行驶知识缺乏，机动车、非机动车、行人违反交通法规是造成交通事故的主要原因；社区内拥有400多幢高层楼房，其中大约三分之一的楼房建于2000年前，消防设施相对陈旧；部分楼宇居民家中燃气设备陈旧、管道有泄漏、燃气器具装置场所不合理等因素构成了燃气安全隐患等。

花木街道以预防和控制社区各类伤害，降低居民伤害损失为长远目标开展社区安全工作，不断改善居民的生活环境，提高居民生活满意度，加强居民对社区的归属感。将安全社区打造成为花木对外宣传的一张名片。花木安全社区的口号是"安全和谐·生命无限"。

花木街道于2007年被命名为"全国安全社区和国际安全社区"。持续改进过程中，秉承"政府主导、多方参与；科学监测、示范引路；细节干预、持续发展"的伤害预防和安全促进的工作理念推进建设。在老年人、儿童、交通、消防、居家燃气和职业安全方面重点干预，多部门系统干预戒毒康复作为社会治安之高危人群开展安全促进项目。其中老年人以预防老年人跌倒为主；儿童以保障儿童安全出行为主；交通以交通安全宣传、清除道路交通隐患、维护学校周边道路安全三方面工作为主；消防以组织居民消防疏散逃生演练和消防安全宣传为主；居家燃气以燃气安全设施检查，冬季燃气安全宣传为主；职业安全以向建筑工地工人安全教育宣传培训，对社区内危化企业和建筑工地实施重点监督检查为主。花木街道于2012年、2018年两次通过了国际安全社区再认证。

4.1.2.2　跨界组织机构建设

2007年以来，在原有组织网络基础上逐渐形成了更适合花木社区发展的工作模式。安全社区依托跨界组织资源，把社区内相关机构如：医疗机构、教育机构、新闻媒体、公共聚集场所、大中型企业、建筑工地、公安部门、消防部门、老年人协会、社区志愿者协会等，吸纳到自己多部门合作的工作网络中，以"跨界整合，资源共享；交流合作，共创共建"为宗旨开展工作。组织架构如图4-1所示：

为整合技术资源，花木街道成立专家咨询组，成员单位包括：中国职业安全健康协会、中华医学会伤害控制分会、上海市疾病预防控制中心、中医药大学、上海海事大学外语学院等。

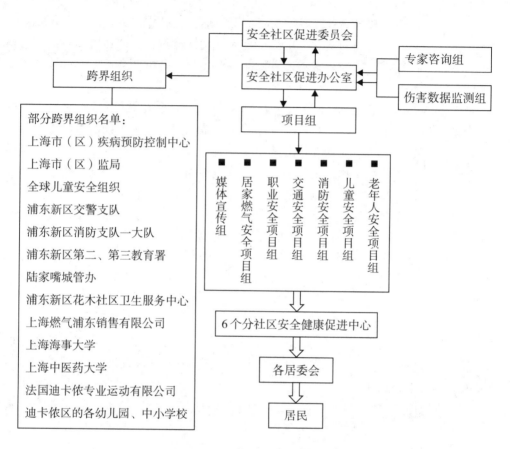

图 4-1　花木安全社区组织架构图

4.1.2.3　策划实施安全促进项目

儿童安全项目：推广儿童出行安全项目，执行"海桐小学护校模式"的标准化模式，护校马甲、护校手举牌、护校伞、多维护校等；发动社区中小学、幼儿园积极投入儿童安全课题的申报、评选工作；与相关单位协同开展更多合适项目；出版儿童安全教育系列丛书。儿童安全项目组以科研促进项目建设，2008 年项目组申报的《花木社区学龄前儿童伤害干预策略研究》课题获得浦东新区社会发展局科技立项，按照课题研究计划，随机抽取浦东新区六一幼儿园、浦东新区华林幼儿园共约 700 名儿童作为研究对象，以伤害监测为基础，开展了一系列学龄前儿童伤害干预。

"世博情·手牵手·安全行"儿童出行安全：携同上海市疾病预防控制中心等单位对花木社区中小学校开展了学校周边道路交通环境调查、学生步行情况及家长步行认知抽样调查、上放学学生接送车辆情况调查等，了解儿童出行安全情况，为开展护校干预项目提供科学依据。措施包括：交警、路政协调在学校门口设置机动车、非机动车停放区、学生放学区、家长等待区，明确区域作用，保证学生出行规范、有序；对学生增设安全教育课程，通过引导学生绘制步行安全线路图、请有关部门开展安全培训、以安全广播等形式加强安全出行的教育和引导；推行"错时放学"（由低年级到高年级错开时间依次放学）、"错位放学"（由近到远疏导放学）措施等。

老年安全项目（65岁以上）：完善老年人伤害监测，提高预防老年人跌倒的知、信、行在42个居委会科教片的循环播放培训；按计划完善社区预防老年人跌倒示范点的工作；开展平衡操推广，在每一居委发展一个保健平衡锻炼项目。举办平衡操推广比赛项目，每个居委组织平衡操培训，并参加每个社区的平衡操比赛和街道的汇演；执行老年人体检计划。

拍摄制作花木社区"预防老年人跌倒"科教片，于2009年4月1日举行"预防老年人跌倒"科教片发布会暨老年人平衡操团队展示活动。在花木社区卫生服务中心设立了4个预防老年人跌倒知识循环播放点每天播放。同时在42个居委会利用科教片的循环播放培训。制作了1200条带有"关爱老人预防跌倒"漫画和标语的防水围兜，赠送给社区老年人。通过现场咨询、讲座、培训以及利用老年人健康体检等方式，发放手册4000份。

建立健全社区预防老年人跌倒示范点：继由由四村后，在牡丹一居委、明月居委建立3个示范点。签订预防老年人跌倒示范点创建项目合作协议。进行老年人跌倒KAP与居家环境危险评估，对危险环境进行改造。

深化安全之家手牵手项目：由经过专门培训的志愿者，上门为老年人家庭进行跌倒风险因素评估，以找出家庭中存在的风险因素并帮助改正。2009—2011年，每年对发生跌倒并骨折的老年人进行预防跌倒的KAP和居家环境风险因素评估。根据居家环境评估结果，对老年人居家环境做了楼梯、客厅、卧室、洗手间、厨房以及其他一些基本环境的改造。为老年人跌倒较集中楼道安装扶手，还对老年居民发放了浴室防滑垫。

交通安全项目：制作了花木社区交通安全地图，发放给社区居民；制作了酒后不驾车交通安全警示手册共85000份，宣传海报300张；位于迎春路的绿化带，由于花坛较高遮挡了来往车辆驾驶员的视线，给来往的行人带来了安全隐患，特别是在一年内已经连续发生了4起人员伤亡事故。为了消除安全隐患，社区邀请了相关部门进行了实地勘察，建设5个水泥台柱花坛，设置了隔离栏、交通警告标志并划"人行斑马线"。

校门口测速项目：为响应联合国全球道路十年行动之"看到儿童，请你减速"特别行动计划，携手浦东新区交警五大队等单位经过2个月的策划和筹备，选取具有代表性的3所学校进行校门口上下学高峰时段左右两个通道40米之内的车辆测速和驾驶员违规行为的观察记录工作。设计并制作了太阳能减速灯箱警示牌，学校上放学时段限速30千米/时，监测结果显示机动驾驶员的车速有了明显的下降。

居家燃气安全项目：加大宣传教育力度，提高居民安全使用燃气的知晓率；同相关社会组织合作开展了小学生安全过假期活动，制作家庭逃生线路图发放给花木社区的各中小学生，制作300张燃气安全海报"安全过假期"张贴在各小区的宣传栏；邀请燃气公司开展系列燃气安全教育活动，现场演示燃气设备的安全使用等。

不愿归家青少年的"中途宿舍"：社区彩虹中心所属的"中途宿舍"专门用来暂时收留不愿归家的青少年，并以心理疏导、社工跟进服务等方式让闲散青少年回归家庭和社会，避免伤害的发生。

居民住宅楼疏散逃生：选定高层居民住宅楼（牡丹分社区银良公寓）进行KAP前测入户问卷调查。举办消防疏散逃生演练推广会，在全社区范围内开展消防疏散逃生演练；推广高层居民住宅楼消防疏散逃生演习，各分社区根据自身社区的实际情况进行项目推广，包括在各居委会召开动员会议、拟定高层住宅居民楼消防疏散逃生预案、实施培训、发放安全大礼包、发放家庭火灾预防手册等。

4.1.2.4 事故伤害记录机制

在采集事故与伤害数据的途径中，除了项目入户KAP调查外，其余均为定期上报促进办。由促进办对数据进行录入、整理和分析，形成监测报告。随后，将结果反馈给花木国际安全社区促进委员会。花木社区事故伤害监测记录机制详见图4-2。

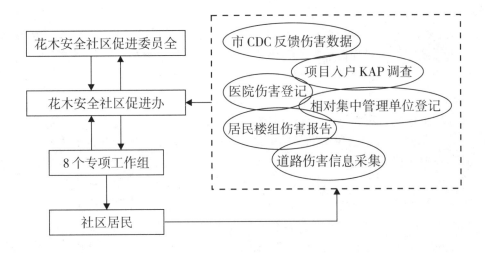

图 4-2   花木社区事故伤害监测记录机制

通过安全社区建设，花木社区事故伤害控制取得一定成效，相应的总伤害疾病负担估计减少了近 1000 万元。花木社区 2002—2011 年伤害死亡率见图 4-3。

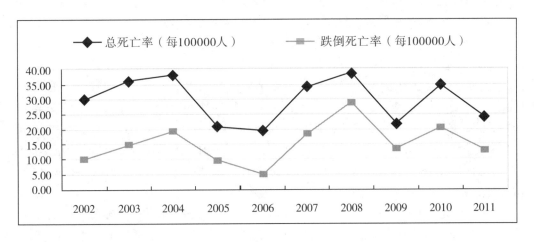

图 4-3   花木社区 2002—2011 年伤害死亡率比较

4.1.3   北京西城区月坛国际安全社区

4.1.3.1   月坛街道概况

2014 年，月坛街道是西城区 15 个行政区域之一，位于西城区西南部。行政辖区面积 4.13 平方千米。是北京市建成较早的城市街区，由 27 个社区组成，辖区内有 11 条主要大街和 56 个街巷。区域内有国家发展和改革委员会、国家统计局、财政部国家市场监督管理总局等部级以上单位 20 多个，是中央国家机关相对集中的政务办公区。地区有楼宇 688 栋，住宅楼占 60%，由若干部委住宅大院组成，是典型的居住生活区。地区呈现以下特点：

（1）社区 60 岁以上户籍老年人近 4 万人，占人口总数的 26.4%，老龄化趋势明显且比例逐年上升。敬老院较少，远远不能满足市场需求，老年人以居家养老为主，存在跌倒摔伤、居家安全、心理健康等风险。

（2）月坛是北京市人口密度最高的地区，地区有楼房 688 座，其中大屋脊筒子楼 150 多座，大屋脊楼房是火灾隐患最集中的区域。楼内硬件设施老化，居住密度高，一旦失火全楼都会受灾。同时，人员密集场所众多，火灾危险源多。

（3）小经营场所占辖区生产经营单位 32.3%，小经营场所的安全条件相对较差，而且流动人口主要聚集在小经营场所，安全动态管理有难度。

（4）辖区内有 11 条主要大街和 56 条街巷，主、支路较多，商业网点集中，餐饮娱乐及写字办公楼密布，从业人员和居民的机动车拥有率高，停车位严重不足，在马路上停车现象突出。

（5）社区有 13 所中、小学、幼儿园，在校学生超过 1 万人；地区残疾人较多，有近 1600 人，弱势群体安全是安全干预工作重点。

4.1.3.2　安全社区建设概况

2005 年 7 月 25 日，月坛启动安全社区建设，成立了跨界、跨部门合作的安全社区促进委员会。以问卷调查、数据分析、现场走访等形式，确定了社区的主要风险，并依据社区卫生服务中心的伤害监测结果策划了治安防控、交通安全、消防安全、工作场所安全、居家安全、老年人安全、儿童及青少年安全小组、学校安全、残疾人安全等 9 个领域的安全促进项目。2008 年 6 月 27 日被正式命名为第 149 个"国际安全社区"网络成员。2013 年 6 月，通过 WHO 社区安全促进合作中心组织的再认证，2018 年通过国际安全社区认证中心组织的报告评审，继续保持国际安全社区网络成员称号。

月坛街道已连续 10 多年开展安全社区建设，社区安全水平持续提升。一是建立了一支安全社区专职队伍，安全社区理念得以扩散分享；二是社区面貌发生巨变，事故与伤害隐患做到了随时发现、随时治理；三是辖区居民主动安全意识提升；四是辖区风险得以控制，各类事故与伤害总体呈下降趋势。交通连续多年呈平稳态势；火灾基本上控制在初起阶段；诈骗和盗窃大幅度下降。

4.1.3.3　组织机构持续完善

"安全社区"建设组织机构由月坛街道安全社区建设促进委员会、安全社区建设办公室、3 个功能组及 9 个安全促进项目组构成。在安全社区持续改进中，不断摸索更适合自身发展的安全管理工作模式，依托跨界组织资源，把社区内外相关机构如：医疗机构、教育机构、公安部门、消防部门、社会团体、物业公司等，吸纳到多部门合作的工作组织机构中共同协作推进安全社区系统建设。

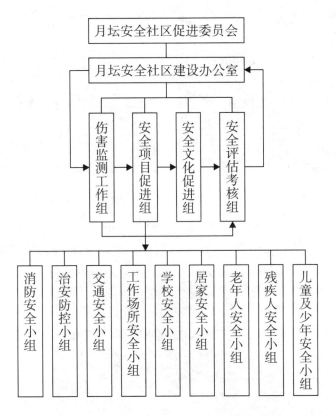

图 4-4　月坛街道安全社区组织机构

4.1.3.4　持续推进安全促进项目

社区交通安全反光贴：从 2013 年开始实施反光牌项目。围绕管界中小学、社区、单位等重点地段，在各个快递集合点悬挂横幅、摆放展板，进行交通安全宣传。为每一辆快递车贴上"不逆行 不闯灯 不走机动车道"的反光贴。

交通微循环项目：联合专业结构，结合周边道路交通运行特点，综合运用区域单行、增设交通设施等措施，达到了乐道巷、复北社区及周边单位交通微循环。

完善、规范交通设施计划：在辖区事故高发及交通设施薄弱地段，增加通道标线、停车标识、减速带，加装红绿灯，修补破损路面，规范停车管理等，使地区道路交通基础设施更加完善和规范。

交通文明行动宣传：深入中小学校、幼儿园开展交通知识安全讲座活动；根据诊断情况，分析总结老年人群体交通事故多发、易发的重点点位、地区、社区进行摸排，建立台账，并及时设置宣传站点；为快递车贴上反光贴，结合实例对快递员进行教育，并发放宣传材料。

居家安全系列改造：包括肢体残疾人家庭无障碍入户改造；真武庙社区六里2、3、4栋楼门前无障碍坡道建设；木樨地、白云观、铁二二3个社区近百个楼门处安装无障碍扶手，等等。

居家安全系列服务：为居民提供了系列居家安全服务，包括：排查整改居民小区隐患，举办安全讲座，宣传安全生产、消防安全、用电安全、居家安全等知识，发放宣传画、用电安全与触电急救手册等；志愿者与独居老人结对，关注老人居家安全；在寒暑假期间，多次举办青少年、儿童的安全教育、安全答题活动，组织青少年和家长共同参与。

儿童及校园安全：推行健康小宝贝项目，为便于对身体不适的孩子给予及时的关注；实施安全主题活动计划，采取游戏、儿歌等寓教于乐的方式提升儿童安全意识；第44中学每年一月份利用期末考试之后、放寒假前的时间针对全体初一、高一年级学生进行集中培训，内容包括心肺复苏、人工呼吸、创伤急救、特殊伤的处理（交通、火灾、地震、烫伤、溺水、断肢、嵌入伤、高空坠落）等救护培训知识，参加培训的学生全部获得急救员证书。

老年人安全：建成玖久缘文化养老中心，在社区开展各类活动，受益老人达5万多人次；组建、培养了一个长期服务于社区老人的"助老志愿者团队"；聘请北大护理学院专家的指导志愿者对老年人进行防跌倒训练；选择50名老人前往北京社区安全科技促进会"重点人群安全实验室"进行老年人平衡能力测试等。2017年，社区引入了华丰养老照料中心，建立了专为本社区老年人服务的"老年驿站"，为有需求的老人提供饮食用餐、医疗健康、家庭护理、紧急求助、日间托管、日常家政、精神陪伴等助老服务。

工作场所安全：积极推广安责险投保工作，通过隐患排查、以奖代补、微信公众号等方式进行宣传动员；组织辖区内小微企业对照安全生产标准化进行规范建设、检查、整改、复查、再整改，直至达标，共完成54家小微企业通过达标验收工作；强化建立有限空间台账，摸清了辖区楼宇化粪池清掏、水箱清洗、油烟清洗等有限空间作业单位情况，使有限空间作业能具备安全生产条件。

灾害预防与应急响应：于2016年建立27个社区微型消防站用于扑救本社区初起火灾，每个微型消防站最少配备6名兼职人员；2017年成立了白云路消防站，定期对重点保护单位进行消防宣传的授课和消防宣传材料的发放，对微型消防站进行培训；组织月坛训练馆相关工作人员开展应急救护培训，教授应急包扎、心肺复苏等内容的急救知识；建立23处可供临时避难的场所并配备必要的救援物资。

全响应社会服务系统管理平台："全响应"社会服务系统是通过统一的数据中心、调度平台、服务渠道以及多个业务系统建立的管理平台，系统把街道26个社区划分为112个网格，达到了网格化的全覆盖。每个网格单元内配备网格巡查员、协调员和监督员即"一格三员"，并为网格巡查员和监督员配备了PDA，负责将网格内发生的社会管理与服务、公共安全等问题，及时有效报送发现的各种问题。同时，将地区单位民兵、停车管理员、文明乘车员、便民服务网点人员等作为地区安全员，为他们配备了700余部无线座机，形成辅警协防网络。再加上2342名楼门院长社会群众自治力量，形成一套完善的"上报 – 分拣 – 处置 – 回复 – 反馈"全闭环的应急响应机制，辖区出现的问题及时得到有效解决。

基于政府和社会两种力量，建立全面感知、快速传递、积极响应的社会服务管理神经网络，实现社会服务管理全覆盖、全感知、全时空、全参与、全联动。

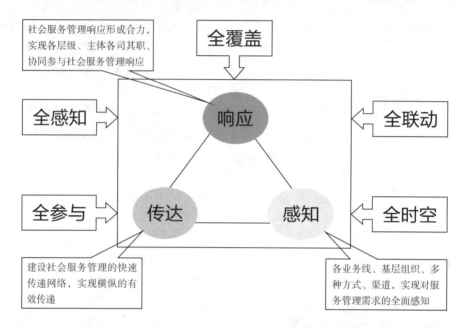

居民热线服务平台：开展月坛街道的"12345""12341"、区长信箱的政府热线工作，居民可以通过热线电话直接向管理平台反映问题和诉求，平台按事件的类型分类，直接转述相关科室处置和办理，对处理过程、结果进行追踪、监督、反馈及录音取证。仅2018年1—10月，累计接收并解决案件3065件。结案率100%，得到了居民的一致好评。

社区简报：西便门社区简报自2009年8月开始，每月1期，内容以社区居民为主，记录社区实事，引导居民正确认识身边的危险，培养安全意识。

白领人群亚健康干预：月坛街道已成功举行多届"双圆杯"职工运动会，项目包括跳远、赛跑、实心球等个体项目；还有疯狂毛毛虫、动感五环、超级运动跑等集体趣味项目。

老年人家庭烟感报警器工程：为9000户有60岁以上老人的家庭安装烟感报警器，有效加强对孤寡老人居家火灾监控，一旦发生火情会立即报警，邻居、物业管理部门可以迅速赶往现场进行处理。

老年人手指操项目：经常以手指为中心进行各种活动，可以使大脑皮层得到刺激，保持神经系统的青春活力，对老年痴呆可起到预防作用。依托玖久缘文化养老中心向8个社区宣传认知与肌力训练的重要意义，招募老年人加入手指操队伍中。

三里河一区社区交通整治：经过对实地的考察研讨，集中力量对该社区进行整治，在易堵路段高峰时段增加社区志愿者，在三里河一区南口乱停车的道路两侧安放隔离护栏（大约100米）、安装禁停提示标牌5个，三里河一区北口至南口安装中间隔离护栏（大约500米），实行机动车、非机动车和行人分离，避免车辆乱停，解决了老大难问题，消除了交通隐患。

同时，街道还与北京城市系统工程研究中心合作开展"老年人居家环境与跌倒伤害关系研究"项目，选取实验组与对照组各100户家庭，根据项目研究结果推进老年人居家环境干预。

4.1.3.5 事故伤害监测机制

社区伤害监测系统分为两条主线，一是交通、火灾、工作场所、校园、社会治安伤害事件监测。二是社区卫生中心伤害患者首诊监测，监测对象覆盖辖区全体居民和在校学生。每年社区居委会，采用随机抽样方法对辖区的居民家庭进行调查，了解其在周期范围内的伤害发生情况、伤害类型，分析性别分布、年龄分布、发生地点分布等规律，根据情况调查，针对发现的问题尽可能地及时解决。调查发现居家环境与伤害有很大关系，厨房和浴室防滑措施不足导致摔伤；燃气胶管老化严重；家具摆放位置不合理，有的阻挡配电箱等。

伤害监测发现：居民伤害主要为老年人居家活动伤害，以跌倒为首，而跌倒的高危场所是室外和浴室；交通伤害以机动车剐蹭居多；校园伤害主要是跌倒碰伤。

4.1.4 青岛珠海路国际安全社区

4.1.4.1 珠海路街道及安全社区建设概况

珠海路街道位于青岛市南区东南端，是金融商务聚集区、高档住宅区，2008年奥运会帆船比赛曾在此举行。辖区面积2.88平方千米，有6个社区居委会，居民楼院116个，1100余个行政企事业单位。其中，国家AAAA级旅游景点2处，国家部委疗养院9家，大型商场5家，商务楼宇4座，金融机构25家，星级宾馆酒店27家，学校1所，幼儿园4所，医疗卫生机构6家，九小场所近900家。辖区总人口近3万，其中流动人口0.7万，辖区具有居民素质高、收入高、需求高和商人多、名人多、外国人多的特点。

珠海路街道安全社区创建工作始于2005年6月，相继实施了火灾预防、交通安全、社会治安、学校安全、儿童安全、工作场所安全、居家安全、老年人安全、涉水安全等9类安全计划。2007年2月被授予首批"青岛市安全社区"，2010年11月被授予"全国安全社区"，2012年通过世界卫生组织社区安全促进协作中心组织的国际安全社区现场认证。

4.1.4.2 跨界组织机构建设与项目推进

（1）跨界组织机构。

街道办事处作为总体倡导者和组织者，联合社区工作站、居民委员会、社区工会、妇女联合会、红十字会、老年协会、公安、交警、消防、城管、驻街企业、学校、幼儿园、医疗卫生等14个单位、部门和社区团体，将涉及安全的诸多职能部门和社会组织以跨界合作的形式联合起来，组成了"珠海路街道国际安全社区促进委员会"，负责安全社区创建工作的指导与协调，街道办事处主任任促进委员会主任，委员会成员单位明确一名专职人员负责推进安全社区建设。

安全社区促进委员会下设交通安全、社会治安、居家安全、工作场所安全、学校及儿童安全、老年人安全、犯罪和暴力预防、火灾预防、涉水安全、自杀预防、伤害监测11个工作组，负责安全促进项目开展，促进委员会内设促进委员会办公室，负责安全社区促进日常工作。

（2）全方位的安全干预。

①覆盖全域全员的安全干预计划。

交通安全计划：组织实施交通安全"三进"（进单位、进楼院、进学校）活动；交通违章治理：开展机动车不按车道行驶，不按交通信号通行，酒后驾驶等交通违法行为治理；完善道路设施，实施人行道隔离带、护栏工程；建立社区车管服务站，与交警共同建立全省首家社区车管服务站并以此为平台开展交通安全专场巡回演出，为群众提供交通安全宣传教育、业务咨询、信息查询、驾驶员换证、体检服务等。

隔离带、
护栏工程

居家安全计划：

◆ "送安全"计划。与燃气公司联合，每年2次为居民家庭检测燃气、推荐燃气报警器、烟感报警器、安全灶具、提供安全用气指导。

◆ "丁辛工作室"。2009年街道聘请社区居民丁辛先生，成立了"丁辛工作室"，义务为居民提供家庭矛盾化解、邻里纠纷调解服务。

◆ "无障碍"楼道。清理203个楼道的人行通道存放的杂物和消防通道，楼道安装照明灯和安全提示牌。

◆ "家庭应急包"。从2009年3月起，街道与红十字会联合，每年为1000户居民配备家庭应急包，并配合进行防灾救护技能培训，普及救护知识。

◆ "换新颜"行动。为消除老楼安全隐患，每年投入专项资金，对辖区内20世纪60—80年代建造的老楼分批进行维修改造，为这部分老楼做楼顶防雨、换新门窗、外墙防水和建配套设施等，基本消除了老楼的安全隐患。

学校及儿童安全计划：

◆ 活动环境安全保障。室外活动场地铺设塑胶，花墙放置防碰伤轮胎；室内活动场所墙角软包，家具圆角化，卫生间防滑处理、楼梯加装防滑胶条，门边防挤手保护，定制安全环保儿童专用桌椅，上下楼左右分行、小脚丫图形引导。

◆ "安全行为养成"计划。设置道路交通模拟课堂，教育学生、儿童识别交通信号、看交通信号通行；"小白兔与大灰狼"情景故事表演，教育学生、儿童如何对待陌生人来访，"不吃陌生人给的食品、不喝陌生人给的饮料，不给陌生人开门，不跟陌生人走，不坐陌生人的车"安全娱乐活动。

◆ 校园安全教育计划。每学期组织学生、儿童参观消防博物馆、参加消防火灾逃生演练、手工制作消防器材玩具、观看成人火灾扑救演练，举办"我心中的安全"儿童画展。

◆ 家·园心连心。网络在线实时传输系统，家长可以通过网络适时了解孩子在幼儿园全程动向，提出建议。

火灾预防计划：

◆ "消防宣传进社区"。志愿者走进小区、走进家庭，为居民分发《安全防范手册》、"十条"安全提示等消防宣传材料；对辖区居民进行相关知识的宣传教育活动；利用流动消防宣传车，开展图片展、观看教育片、模拟烟雾逃生等。

◆ "消防培训演练进社区"。开展防范火灾、初期火灾扑救和火场自防自救常识培训；开展现场逃生演练，单盘水带连接室内消防栓、麻袋灭油桶火、干粉灭火器以及湿毛巾灭液化气钢瓶火等火场自救与扑救演练。

◆ "火灾预防送到家"活动。楼道配备消防箱，居民户发放灭火器。在烟花爆竹销售和燃放期间，教育和指导居民正确购买和燃放烟花爆竹。

◆ 221 火灾预防检查法。2009 年,街道与市南消防大队联合在辖区生产经营单位范围内推广实行以"两分两定一轮转"的火灾预防检查法。"两分"即:营业照明与警备照明线路分离;"两定"即:按布局确定巡检重点部位,根据巡检重点部位定人员;"一轮转"即:巡检人员按规定时间,沿巡查路线同时轮转联动,相互换位,互相监督。221 火灾预防检查法推广以来,辖区 1100 余家生产经营单位共自行排查整改火灾预防隐患 3000 余处。

工作场所安全计划:

◆ "网格化管理"。2009 年 2 月起推行安全生产网格化监管,建立 10 个社区、行业三级网格,1 105 个社区片、企业四级网格,1686 个楼院、企业部门五级网格,3 254 个楼座、企业科室六级网格;建立了包含企业安全生产基本信息、设备设施信息、安全检查信息、安全规章制度信息等 14 个大类信息的安全生产网格化监管系统。

◆ "分级管理"。对辖区近 1100 家生产经营单位实行分级管理。明确 A 级为季度检查企业、B 级为月检查企业、C 级和 D 级为日常检查和不定期检查企业,对 A、B 级企业安全生产工作进行指导服务,提高企业自管能力,对 C、D 级企业安全生产工作加强监管。

◆ 从业人员培训计划。对生产经营单位主要负责人、安全管理人员、特种作业人员、新入厂员工按照国家要求进行培训、复训。

老年人安全计划:

◆ 改善老年人平衡机能。中医专家研究表明手杖操、柔力球、太极剑、太极拳、抖空竹等 5 种运动有助于提高老年人身体平衡机能。2008 年,街道组织了 5 支队伍进行专门练习,并由他们到各社区传习。街道计划用 5 年时间,帮助社区 5000 名 60 岁以上老年人学会其中一种运动。

◆ 无障碍家庭计划。老年人伤害多因家中地板不防滑、卫生间无扶手而导致跌伤,而跌伤中有 35% 是由于家中卫生间过滑,老年人行动不便引起。2008 年 6 月起,街道开始在辖区内动员老年人家庭安装防滑扶手。

◆ 老年人维权法律服务。设立"老年人法律服务中心",开通"85872760 老年人维权电话",对涉老案件实行优先原则,对老年人实施法律援助。

◆ 日间照料室。在文化康乐中心建立 6 处"日间照料室",免费为老年人提供餐饮、午休、娱乐、健身、保健功能为一体全方位日间照料服务。通过老年大学社区课堂传授安全、健康、养生、心理四项课程,每月进行一次专题知识讲座,提高老年人自我防护能力,有 3200 余名老年人受益。

社会治安计划:

◆ "5 分钟警务圈"。2009 年起,街道与辖区公安部门在辖区内建立了 13 个不同类型的警务室。在外籍人口较多的香港花园建立涉外警务室，形成了"5分钟警务圈"。

◆"24小时防控"。在各小区出入口、墙角、电线杆、道路交叉路口以及人员流动较少区域设立了116处太阳能警示灯，夜间自动闪烁蓝红灯，提示行人提高安全防范意识；新增33处公共安全视频监控探头，对辖区重点发案部位和地段进行全天候监控。成立200余人治安志愿者队伍和80余人的警群联动队伍，白天在辖区楼院、重点路段流动巡逻。

◆非物业小区安全保障计划。在澄海路4号启动了非物业小区封闭式管理安全保障计划，安装与"110"联网的周界报警系统，在小区围墙上设立周界报警围栏，一旦有非法人员闯入，就会触发报警系统，发出声光报警，同时将报警信号自动发送至"110"报警中心，便于警察快速处置警情。设外来人员出入登记制度。实行外来车辆、人员出入登记。为一楼所有居民户安装街道自行设计制作的"防盗花窗"。

◆周界报警系统。在澄海路4号启动了周界报警系统试点工作。在小区围墙上设立周界报警系统，一旦有非法人员闯入，就会触发报警系统，发出声光报警，同时将报警信号自动发送至"110"报警中心，便于警察快速处置警情。

◆"防盗花窗"。为减少入室盗窃发案数，加强一楼住房防盗能力，改变传统防盗网"囚笼式"防盗方法，在燕儿岛路5号乙安装了环保PVC材料与弱电断电报警相结合的"防盗花窗"，当该花窗承受重力超出25千克时，花窗自动断裂并报警，当室内发生突发情况时，居民可以通过窗户迅速逃生。

◆"太阳能警示灯"。在夜间照明条件差、行人稀少的背街小巷设立了116处太阳能警示灯，白天太阳能自动充电，夜间自动闪烁模拟警灯信号，提示行人提高安全防范意识，威慑犯罪分子。

涉水安全及沿海旅游安全：

◆警示标志和安全护栏。奥帆中心原为奥运会帆船比赛场所，未对游人开放，未设立安全警示标示和安全护栏，2009 年对外开放后，珠海路街道与管理部门共同为奥帆中心靠海区域安装防意外落水护栏，设立防溺水伤害提示牌，增加施救设备，增设施救巡逻人员。

◆"动前检查"长效机制。对海上旅游项目，街道与奥帆中心治安派出所、边防派出所、港航局、海事局等部门联合制定了《奥帆中心出海管理规定》，实行驾驶人员资质审查，登船人员登记，船只安全设备检查登记、出入港登记，气象、海况条件许可登记，满足安全条件方可离港。

◆海上救助。边防派出所、青岛市城投集团共同成立了 3 支海上救援小分队，对海上区域实施 24 小时巡逻，加强海岸安全监控、救护力度，防止溺水等突发事件。并在沿海一线、港池重要位置安装 12 个高清摄像头，设立救护调度指挥中心，随时处置突发事件。

◆救助巡逻队。街道与奥帆中心治安派出所、城投集团成立了一支 12 人的沿海巡逻队伍，3 年来成功劝阻 4 名欲自杀人员、及时救回 2 名自杀人员。

②重点安全促进。

◆"空巢"不空项目

街道有空巢老人 719 人，其中孤寡老人 113 人，空巢老人多存在精神空虚、心理寂寞、情绪低落、孤独和衰老感，有抑郁倾向的占 30%，极易引发抑郁症、焦虑症等心理和精神问题；有近 60% 的老人需要心灵关怀。

引入"天使温情空巢乐园"社会公益组织参与社区老年人安全干预行动，开展电话问候、一对一亲情问候、空巢热线、空巢艺术团等项目为老年人提供亲情陪伴，心灵关怀等精神养老服务；开展了以送奶、送报、送爱心、送家政、送保险、送午餐为主要内容的"六送服务"。通过服务记录老人的生活情况和健康状况及需求；为独居老人送奶；"空巢"老人与社区居民结成安全帮扶对子、20 余名老人享受专业化的家政服务；成立"李长河工作室"。李长河是辖区从事义工工作最年长、工作时间最长的志愿者，2008 年在他的带动下，有小超市、小饭店、小理发店等 15 家个体经营业户和 36 名志愿者加入"李长河工作室"，为辖区内空巢独居老人群体提供理发、谈心、小家电维修、教电脑操作、教上网操作等上门服务项目。

免费午餐服务

志愿者帮扶

◆"你@我青少年健康服务中心"

"你@我青少年健康服务中心"于 2010 年 3 月在青岛市民政局注册，其前身是玛丽斯特普国际组织支持下筹建的"你@我青少年健康服务中心",是国内首家以青少年为目标人群宣传教育和医疗服务项目一体化的健康服务中心。

"'为爱负责'青春健康计划"。辖区内外来务工青少年远离家庭,对异性和性行为充满好奇和神秘感,但他们缺乏基本的生殖健康和卫生知识,自我保护能力低,导致意外伤害发生率相对较高。2009年以来,街道联合玛丽斯特普国际组织支持的你@我青少年健康服务中心,对外来务工女性进行性健康免费培训、教育、咨询等活动,引进"青年影响青年"的社会工作理念,选拔大学生社会工作志愿者,深入外来务工青年集中的场所,进行性健康讲座、发放宣传品和安全套。

"餐饮、娱乐场所青少年艾滋病干预"。选取10家中型以上娱乐场所的从业人员、10家餐饮企业服务员,利用餐饮、娱乐场所工闲时间,采用参与式培训的方式,项目工作人员直接走进餐饮、娱乐场所举办现场讲座、咨询,发放健康教育手册,查体卡等干预活动,为1000多人提供了艾滋病自愿咨询与监测。

"携手夕阳 青春有约"。招募20名热心公益的"90后"大学生志愿者,共同开展"携手夕阳、青春有约"活动,给老年人和青年人搭建一个交流的平台。大学生志愿者走访老年人,整理出15份图文并茂各具特色的《我的老故事访谈录》,引导青年健康成长;以社区为基础架起老人与青年沟通的桥梁;以"积极的老龄化"为指导,鼓励心理孤独的老年人"积极"生活,减少因心理原因导致的安全意外。

◆ "4点钟公益课堂"

对社区外来打工人员子女托管难,影响外来务工人员安心工作的特点,社区设立亲子活动园,聘请社区义工和大学生志愿者,义务为外来务工家庭子女和社区无人照看家庭子女提供托管服务,开展适合孩子不同年龄段需求的双语教育;同时开设"宝德书屋",免费为放学后的小学生提供托管服务,提供读书场所,使孩子远离不良场所和安全隐患,提高孩子的学习兴趣,既解决家长的后顾之忧,又丰富学生课后的活动内容。

◆ "1+X"明居工程

街道有空巢低保老年家庭20户,房屋存在电线老化严重、厨卫家电安全装置失效、主要零部件开始老化等隐患。在社区居家安全检查中有40%的家庭存在安全隐患。2010年推出"1+X"明居工程,为空巢困难老年人家庭免费提供每平方米200元的住宅整体修缮;提供总件数不超过5件、总价值不超过5 000元的家具、家电,对水电线路进行重新铺设。

◆ "和谐家庭"促进计划

"和谐家庭"促进计划以家庭健康和谐为主旨,围绕生命周期全程开展家庭计划指导服务，以提高居民的生育、生命、生活质量。2010年开始，在海口路社区配备电子触摸屏、健康教育光电互动和视听设备等服务设施，使居民享受自助家庭健康服务；通过生命历程展示和胚胎发育展示等直观教育，促进居民关爱生命，重视家庭。社区开展未来之星、爱的港湾和金丝带等计划，针对不同年龄群体开展个性化服务；社区医生和医疗志愿者为居民提供健康咨询指导和中医体质测试等特色服务。

◆ "流动消防安全宣传车"

引进多功能消防安全宣传车进社区活动，将多功能消防安全宣传车开进社区，通过车内的模拟设施，亲身体验119报警、火场通道逃生、模拟各种火灾现场、厨房火灾灭火演示等，使居民直观了解火场中的急救常识和日常防火方法，掌握正确处置火灾的能力。

◆ 家·园心连心

2009年，银海幼儿园建立了家园互动网站，通过网站家长可以实时了解幼儿园的硬件设施、教学活动及孩子的表现情况，家长可以通过网络参与幼儿园的管理和幼儿园的监督。建立信息技术下家园共育的新模式，通过有效地沟通，使幼儿园更加注重儿童安全保护和预防，也使家长对孩子教育途径和方法引起重视，共同关注孩子的安全。

◆ 高层楼宇网格化管理

辖区有高层楼宇129座，楼龄20年以上的高层楼宇5座，这部分高层楼宇安全设施陈旧老化，安全风险加大。针对高层楼宇安全情况，实施了网格化管理，将高层楼宇纳入网络化监管系统，按楼层、安全配套设施进行网格划分，指定管理单位对高层楼宇电梯、线路、消防设施定期巡检，履行管理职责，对3座管理单位无法落实的高层楼宇，对2部超期使用的电梯、3套消防报警系统进行了更换。

启动安全社区建设以来，街道安全呈现"三下降，三提高"，即各类伤害数量逐年下降、各类事故逐年下降、各类安全隐患逐年下降；安全预防能力逐步提高、居民安全意识逐步提高、安全监控能力逐步提高。从2009年度和2011年度两次居民满意度抽样调查对比情况看，2011年度辖区居民对社会治安、交通安全、火灾预防、公共场所安全满意度分别提高了14.9%、11.1%、11.4%和8%；安全知识知晓率提高了7.3%，不了解的下降了8.4%；了解并参与社区活动的居民比例上升了8.5%。

4.1.5 厦门思明区嘉莲国际安全社区

4.1.5.1 嘉莲街道及风险概况

嘉莲街道位于福建省厦门市思明区，是厦门市商贸繁荣的新兴城区，成立于2000年12月，街道下辖10个社区，总人口12.3万人。嘉莲街道位于厦门岛几何中心，辖区面积4.48平方千米，辖区道路里程35.56千米，辖区内人口密集、经济繁荣，洋溢着现代都市的生机和活力，是厦门市的新兴居住型社区。

主要事故伤害风险：龙山文创园原属厦门龙山工业区，工业区内有约1.85万平方米的宿舍和4.34万平方米的简陋搭盖及违章建设的临时建筑。随着工业区内工厂外迁，厂房逐渐闲置，各类老旧建筑混杂，消防、交通等安全隐患等较为突出；玉荷里小区交通环境差，道路狭窄，地势低、排水差、容易积水，无规范停车位，鹭江新城小学上下学时段学校周边交通秩序混乱，交通事故风险较高；有115家重点消防单位，各单位消防基础条件和消防安全管理水平存在差异；盈翠社区部分家庭属双职工家庭，家中孩子放学后无人看管，易受到意外伤害；玉荷里小区处于开放式无物业管理状态，存在外来人员和车辆自由进出、基础设施老化等问题。

4.1.5.2 跨界组织机构

嘉莲街道办事处主任作为跨部门组织的安全社区建设工作委员会主任，统筹安全社区建设工作，协调社区内外可用的资源，组织召开安全社区建设工作推进会，掌握安全社区创建进度，参与安全社区网络的相关交流活动。嘉莲街道安全社区建设工作促进委员会组织机构见图4-5。

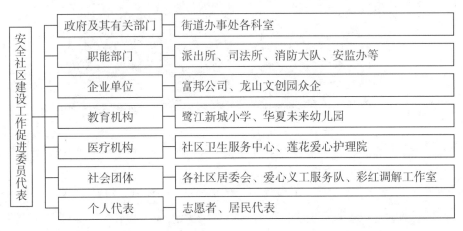

图4-5 嘉莲街道安全社区建设工作促进委员会组织机构组成

4.1.5.3 重点安全促进项目

◆半失能老人、失能老人安全促进项目：护理院依托莲花医院，与莲花医院共享医疗、养老资源，聘请专业医护人员，配备规范健全的医疗设备，为老年人提供治疗、护理、康复服务；制定规章制度，以预防老年人摔伤、走失、自杀、压疮、窒息伤害；定期邀请专业人员为护理院老人和工作者普及消防及逃生知识。

◆"银发睦邻"志愿者活动：社区老人参加"银发睦邻"志愿者活动，中老年人服务高龄老年人，互帮互助。社区制发"银发睦邻卡"，每位持卡老人在服务他人的同时也为自己储蓄志愿服务时间，当他们自身需要帮助时，就能根据其服务时间，优先获得他人对自己的志愿服务以及政府的购买服务。

◆残疾人职业援助中心安全促进项目：安装系列无障碍设施设备，方便残疾人活动；为残疾人提供简单的日常体能康复训练；成立"残疾人联合会人民调解委员会"，为残疾人家庭提供法律援助和法制宣传教育；为残疾人提供心理咨询服务，聘请专业心理专家通过数据量表对咨询者进行专业评估，制定相应心理疏导方法，并将辅导记录记录在册，以便持续跟踪。

◆幼儿安全教育：优咪幼儿园采用环境创设的教育方法，通过一系列安全教育主题墙饰，让幼儿在环境的潜移默化中熏陶、感受安全教育。在创设中充分考虑安全、卫生因素，选择无毒无污染的器材、玩具，如无尘沙、环保粉笔等，保证幼儿的活动安全。经常性组织幼儿参加各类安全情景表演，如交通安全表演、防拐节目等。

◆蓓蕾学堂：盈翠社区开办蓓蕾学堂，为放学后无人看管的儿童设置了课外兴趣课程，包括英语、闽南语、手工美术、围棋、书法等。为有效处理儿童伤害问题，学堂购置应急医药箱，学堂老师在看管过程中注意儿童安全，并建立了家长微信群，提醒家长注意儿童伤害预防。

◆彩虹调解工作室：以专职调解员彭彩虹名字命名，是思明区首批成立的个人调解室之一。工作室成立以来，围绕辖区实际情况，做实做细矛盾纠纷调处工作，全面掌握辖区纠纷隐患。辖区突发的多起群体性事件，均在短时间内妥善化解，为群众排忧解难，维护社会和谐稳定，成为解决矛盾纠纷的"专家门诊"。

◆消防物联网云平台：打造消防物联网平台管理服务，可全天候、无盲点地对联网单位进行远程巡查、智能监管，科学有效解放人力，提高效率。重点消防单位加入消防物联网云平台，安装物联网系统，实现消防数据信息共享，有效预防火灾发生。

◆华福社区微型消防站：将辖区分成8个网格，由各自成员进行巡查、宣传，一旦发生火灾，消防站立即出动并在3分钟内到达现场进行灭火。

◆玉荷里小区道路系统改造：利用"海绵城市"的建设原理，对照"海绵城市"建设六大类型中的"渗""滞"原理,采用透水砖路面和八字形植草砖停车位,使路面和停车位具有70%的透水率。另外,小区内增加岗亭、封闭式道闸、人行道、门禁、小区路面标志标线、增设围墙、统一规划停车位、加宽道路,改善居民道路出行条件。

◆鹭江新城小学周边交通整治:鹭江新城小学在校园内以及学校周边重要部位设置123个高清摄像头。上下学时段,家委会家长根据排班表,穿着统一服饰,轮流到校门口的人行斑马线进行交通疏导。在学校门口设立安全步行通道,为学生进出学校提供安全疏散通道。

◆派出所警情指挥中心:在案件多发区域、时段增加警力,调动社区志愿者开展防盗宣传;投资1 500万元用于更换老旧监控设备,布设于案件多发地区,扩大监控范围;将暴力犯罪易发案区域列为监控布防重点,把日常视频巡查和路面巡逻相结合,对监控巡查发现的可疑情形,立即通报街面巡逻警力,就近赶赴现场进行核查排解。

◆文创园改造:在政府引导下,文创园在不改变厂房主体结构的前提下,对园区进行"微改造",注入时尚和文化元素,推动老工业区产业转型升级。厂区改造前文创园聘请专业团队对厂房进行安全评估,改造时注重厂房加固,并充分考虑消防安全、电气安全、安防等问题。

◆"3D爱心超市":开设"3D爱心超市",根据困难群众多元化的需求,把"爱心超市"从单纯的物质帮扶平台,提升为集物质支持、精神陪护、服务互助三位一体的三维(3D)平台。政府实行多项经济补助政策,如低保补贴、社会保险补贴等，并在重要节假日向困难群体发放节日礼品。

◆居家安全体验中心：嘉莲街道居家安全体验中心占地面积119平方米，有消防、交通、卫生设施、居家安全等互动安全体验区，是福建省首个居家安全体验馆。体验中心利用声、光、电、计算机、机械设备等设施，通过多媒体演示、情景体验、动画视频、虚拟仿真、互动游戏等表现形式，帮助参与者掌握安全应急知识和技能，让参与者在观看及体验中切身感悟，提升安全应急素质，掌握逃生自救技能。

4.1.5.4 安全社区建设绩效

2012年6月，嘉莲街道启动安全社区创建工作，于2013年获得福建省安全社区的称号，同比创建初期，各类伤害事故有所下降。根据2016年与2013年嘉莲街道不同年龄段伤害数据对比分析结果，各年龄段人群伤害都呈下降趋势，减少伤害总人数达198人，下降幅度为40.2%；火灾起数下降56%；交通事故起数减少了55.3%，伤害人数下降了70.4%。

4.2 企业主导型国际安全社区

开展企业主导型安全社区建设的主要有开滦集团、潞安集团、中国石化、中国石油等大型企业社区。该类型社区的主要特点是具有企业自办并自主管理、社区居民成分单一、社区居民多为企业职工和家属，居住区域相对集中独立和封闭等特点。这种模式的优势体现在几个方面：一是企业可以为社区安全建设提供人力、财力、物力方面的支持；二是企业管理采用的结构化、程序化、标准化的方法如HSE体系建设等可以很好地应用到社区安全管理中，把企业生产安全的好做法逐步延伸到员工生产生活的各个方面；三是社区的安全为员工生产和生活提供了全过程安全保障，使员工能够全身心地投入工作之中，从而为企业、工作场所的安全提供了稳定的大后方和可靠的安全保障。

随着企业改革的推进，企业社区逐渐划归地方政府管理，工作人员、社区管理职能等要全面移交，企业主导型安全社区建设将成为历史，这里摘录部分，供相关单位参考。

4.2.1 潞安集团国际安全社区

4.2.1.1 潞安集团与国际安全社区建设概况

潞安集团是一个以煤为主、"煤、电、油、化、硅"五大产业并举的多元化国有大型企业集团，在中国企业500强中排名100位。潞安集团社区位于中国山西省长治市，下设侯堡、常村、王庄、漳村、五阳、石圪节、电化7个分社区35个小区，各分社区分布于山西省长治市的一区四县，远离城市，均处于县镇乡村结合部。社区是企业员工的核心居住区，居民中有90%以上是企业的员工家属。潞安集团社区是由潞安集团自主创建的企业主导型社区，于1999年着手安全文明小区建设，于2002年开始社区建设工作，2004年从潞安实际需求出发，启动国际安全社区建设工作，2007年潞安先后被确认为国内首批、全球第124个国际安全社区。2007年国际安全社区被命名之后，潞安集团将安全社区建设纳入绩效管理评价体系，先后完善了安全社区组织机构与绩效管理评价运行机制，制定了5年安全社区目标规划；加强了团队建设与业务培训，强化了年度计划实施、落实力度，推行了一整套管理考核激励措施，形成了齐抓共建的工作合力，在伤害监测、危险源辨识评价、安全促进计划与项目管理、应急响应、学习交流、志愿者服务等方面取得了新进展。2012年通过了世界卫生组织社区安全促进协作中心组织的再认证。

潞安社区属于丘陵地区，平均海拔910米，年最低温度零下29.1℃，年平均降雨量558.8毫米。潞安集团已有4个社区步入老龄化，适龄青年就业压力逐年增大，给社会管理提出了新的课题；2011年潞安集团所属社区常住人口近2.5万户，8万余人，0～14岁人口占社区总人口的11%，65岁以上老年人口占社区总人口的8.8%。辖区煤矿水、火、瓦斯、煤尘、顶板矿井五大灾害，以及火药库、储油库、煤气站、放射源库、氧气站、液化气站、乙炔氧气仓库、化学品仓库、剧毒物品仓库、锅炉、高压变电所、医疗消毒锅等重点危险源是矿井生产及地面安全监控重点；每年都要举办大型文娱活动、体育赛事、元宵灯会、烟火表演等，密集人群的组织疏导、活动场所供电及消防安全、治安、交通安全等方面潜在的事故隐患是主要风险；机动车辆和新驾驶员成倍增加，交通安全执法监管力量不足，道路交通设施发展滞后的矛盾仍然较为突出；20世纪七八十年代的老旧住宅和公共场所消防基础设施不配套、挤占消防通道等问题，是消防安全面对的主要问题；老旧住宅供电线路、燃气管道、饮用水管道老化等问题,与居民生活安全与健康密切相关,尤其是煤气(液化气)安全使用潜在的事故风险不容小视等。

4.2.1.2   安全社区建设机构

潞安集团成立了潞安安全社区推广促进委员会,设立了安全社区考核评价委员会、安全社区办公室,以及安全理念宣传、伤害监测、健康促进、生产安全、公共场所安全、治安交通消防安全、居家安全、学校安全、老年人安全、儿童安全推广促进等10个方面的工作组。其中,潞安安全社区推广促进委员会成员包括安监局、卫生处、总医院、残联、长治市公安局长潞分局、保卫处、集团社区、团委、潞安电视台等49个部门、单位的负责人。

按照潞安集团安全社区组织结构,7个社区所在单位也结合安全社区建设实际,成立了相应的工作机构,并邀请地方政府及机构、部门、医学院校,联合社区内各种社会组织及居民代表参与具体项目的实施。潞安集团安全社区网络可概括为"两个层面""四级管理"。"两个层面"是指:集团公司与基层社区所在单位两个层面的工作机构;"四级管理"是指:安全社区建设的领导层、推广层、执行层、实施层。

4.2.1.3   安全促进计划与项目

幼儿安全认知能力提升计划:实施"幼儿安全教育计划""幼儿园安全文化创设计划""家园互动计划""保教人员安全素质提升计划",提升幼儿安全认识能力。举办幼儿园教师"安全教育知识大比拼"、急救知识培训、安全促进活动交流会等,提升幼儿园安全教育的质量。整个计划涵盖幼儿自我防范、游戏活动安全、交通安全、消防安全等6个方面64项活动,计划实施期间,共有400余名教职工参与到活动之中,有2 000余名家长参加了家园、亲子互动活动。

常村南海小区"安全示范小区"创建计划:将井下一二线职工、老年人、儿童、驾驶员等重点人群的安全需求,以及老年人跌伤预防和各类事故隐患治理作为安全促进工作的重点。于2009年先行实施了小区环境硬件设施改造计划,于2010年启动"五进活动计划"。

◆"伤害预防进小区"主要从完善硬件设施、加强防跌倒宣传、落实防滑措施3个方面开展工作。

◆ "安全防范进小区"主要是以治安、交通、消防3个方面安全防范为重点，提升小区软件、硬件安全防范水平。

◆ "应急管理进小区"主要涉及完善应急处置措施、应急知识宣传、应急演练、可疑风险信息反馈与安全预警提示4个方面的工作。

◆ "安全服务进小区"主要围绕小区弱势群体和有特别需求人群开展人性化、针对性安全服务活动。

◆ "共建安全进小区"主要是通过社区共建，联合多方面力量，参与安全示范小区创建。

儿童跌伤预防计划：通过实施防跌倒/坠落宣传教育计划，家园互动计划、环境设施安全创设计划、家长及社会参与支持计划、保教人员防跌倒/坠落安全技能提升计划等，消除幼儿园及周边环境设施上的不安全因素，提高幼儿防跌倒/坠落意识和自我保护能力。

王庄社区家居煤气事故预防：为居民免费配置或更换、维修煤气报警器；利用矿电视、广播、小区板报、宣传栏、宣传彩车等宣传阵地开展宣传教育；开展安全使用煤气知识讲座、煤气中毒救护技能培训活动；入户宣传煤气安全使用知识；社区安全教育志愿者服务队、水电气维修团体志愿者服务队建立"零距离"服务制度，每季度为弱势群体免费进行煤气设施检测和维修；编制了《王庄矿社区煤气事故应急预案》，每半年联合燃气、消防、医院等开展煤气事故应急演练；建立了煤气安全管理办法。建立了社区、小区、单元长、居民四级安保责任制，实施新迁入居民煤气安全核验制度等。

老年人跌伤预防计划：在老年人活动场所，组织老龄活动场所、小区工作人员和一些有经验的技术人员、施工人员等开展危险源辨识评价活动，对光滑的地面、台阶楼梯缺少扶手、照明设施等采取维修及改造措施。在生活小区，围绕与跌伤相关的环境风险因素，24小时物业维修热线及时协调更换照明及公用设施的维修；实施小区环境改造工程，在出入单元门的台阶安装扶手、平整路面；相关部门和志愿者实施关爱老年人行动，先后到独居、孤寡、残疾、不能自理等老年家庭协助购物、卫生清扫、杂物清理、家具整理以及防跌倒/坠落宣传指导；在各医院设立了老年人看病快速通道，在导诊服务台增设轮椅等。

井下员工不安全行为预防控制项目：实施方圆安全文化建塑工程；后勤生活服务改善；开展家庭、社区、队组"三位一体"安全帮教；强化员工安全技能培训；强化监督管理；装备技术改造等措施，消除员工后顾之忧，提高员工安全意识技能，强化行为控制与监管，提升技术装备措施的可靠性，减少重点部位岗位用工，控制异常行为和减少人为失误。

常村煤矿井下紧急避险系统建设：主要涉及"矿用救生舱"项目的研究开发，永久避难硐室、临时避难硐室、移动救生舱的安装、试验、调试工作；各工作面的避灾路线重新布置；相关安全管理制度的制定；相关人员及所有井下作业人员的教育培训；组织设施验证试验及试验评估等工作。

4.2.1.4 事故伤害监测机制

主要通过4种渠道收集各类事故伤害信息：一是从专业职能部门（应急管理办、长潞分局、消防大队、保卫处等）获得事故数据；二是医院监测网络；三是收集《潞安集团卫生统计年报表》；四是居民伤害调查（居民入户抽样调查、幼儿园伤害调查等）。

◆专业职能部门获得的信息主要包括事故起数、伤亡人数、年龄、性别、事故发生的时间、地点、原因及损失等。

◆潞安集团卫生处每年提供的《潞安集团卫生统计报表》，主要信息涉及辖区各医院报告的住院疾病信息，其中包括社区居民、辖区周边县乡镇和流动人口等人群"损伤中毒"住院信息，本社区与外埠住院信息未予分类。

◆医院监测网络主要收集首诊伤害病例及相关数据。如"伤害监测卡"信息主要涉及3个方面：伤者的一般信息（姓名、性别、年龄、户籍、文化、职业）、伤害时间的基本情况（伤害及就诊时间、直接导致伤害的物及环境因素、伤害地点、伤害发生时的活动、是否故意）、伤害临床信息（伤害的性质、部位、程度、诊断、结果）等。

◆居民伤害调查由各方面分别组织，其中一些调查与相关卫生机构合作开展，内容根据研究对象及目的进行设计。

根据《潞安集团社区伤害监测办法（试行）》要求，在辖区6所医院和1个卫生所建立了伤害监测站点，实行日登记、零报告制度，伤害监测卡由医生或护士负责填写，医院监测中心配备了专门人员负责审核收集，在医院伤害监测中心建立了伤害监测数据库，引入SPSS10.0软件对经过审核纠正后的监测数据进行统计分析，通过监测伤害首诊病例及其变化，为确立安全促进项目、评估项目干预效果提供依据。2010年，制订实施了《潞安集团伤害监测报告激励办法》和监测信息回访制度等，使伤害监测系统逐步完善。同时，收集了《潞安集团卫生统计报表》的损伤中毒及相关数据。这些信息在各方面提供的年、月度事故伤害分析报告及报表中均有记载，报告均提出了对事故伤害干预的建议意见，供相关方应用。潞安集团医疗伤害监测流程详见图4-7。

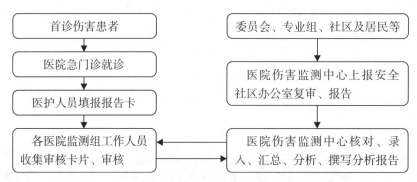

图 4-7 潞安集团医疗伤害监测流程

4.2.1.5 潞安集团社区国际安全社区建设绩效

《潞安集团卫生统计报表》结果表明，2011年居民住院伤害率比2007年整体下降了28.5%。从2007—2011年医院伤害监测情况看，整体上2007—2010年伤害监测数据（图4-8）变化平缓，而从2010年之后大幅增加，2011年监测到的整体伤害数字比 2010 年增加了 2.4 倍，反映出伤害监测能力得到明显提高。

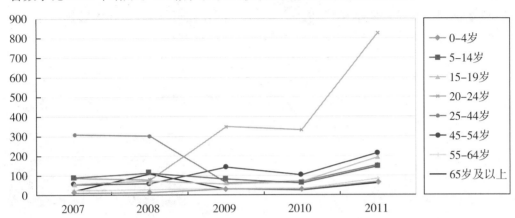

图 4-8　潞安集团 2007 — 2011 年医院伤害监测变化趋势

以王庄社区《煤气安全促进项目评估报告》各年度居民满意度抽样调查为例，2011 年居民对安全社区建设满意度达到 90.29%，比 2008 年提高了 4.54%。2012 年"潞安集团社区居民生存质量及主观幸福感"问卷调查结果显示，潞安社区居民总体幸福指数自评值达到 86 分，主观幸福感测评值为 69.82 分。

4.2.2　中国石油华丽安全社区

华北油田矿区于 1976 年华北石油会战时开始形成并逐步发展，所辖社区大多处于城镇和农村结合部，有的处于城市社区之中，实行封闭或半封闭式管理。中国石油华北油田公司矿区服务事业部负责 16 个生活基地、37 个社区的管理与服务，被服务对象 25.8 万人。华北油田矿区在开展建设过程中，延伸生产系统 HSE 管理体系和 QC 管理，把成熟的管理体系引入社区安全管理中；基层社区积极落实建设责任，华北石油公司高度重视安全社区建设工作，对下属矿区的安全社区建设工作统筹推进，给予政策及技术支持。基层社区积极落实建设责任，结合实开展安全社区建设工作。

下面以华丽社区为例进行介绍。

4.2.2.1　社区概况及特点

华丽社区位于华北油田的最南部，中心位于河北省深泽县，下辖深泽、辛集、晋州 3 个矿区、5 个社区，分布在深泽县、辛集市、晋州市 3 个县市，3 个矿区呈三角形排列，社区均处于城镇和农村结合部。华丽综合服务处设有 10 个机关科室、13 个基层单位，是集物业管理、社区服务、多种经营等职能于一体的综合服务单位，主要负责为采油五厂、渤海钻探四公司等友邻单位和矿区居民提供综合服务。

辖区内有居民小区 7 个，居民住宅楼 119 栋，住户 6200 户，总人口 1.84 万人。社区内除华丽综合服务处所辖单位外，还有华北石油采油五厂、渤海钻探等中石油企业、120 家个体商贸经营企业。

4.2.2.2　建设模式及特点

华丽社区属于企业主导型，社会依托程度低、自成社会、自成体系，管理服务机构比较健全。社区人员密度相对较高，居民中孤寡独居老人逐年增多，也有大量外来流动人口，人口构成复杂。由于受计划经济体制的影响，华丽社区具有明显的行政色彩。在启动安全社区建设前，油田安全管理的重点在生产安全，社区安全处于无序的被动状态。2009 年以来，华北油田矿区服务系统按照"切实抓好生产安全、社区安全两个层面管理，要像抓生产安全一样抓好社区安全"的要求，开始推动安全社区建设。社区树立并推行"让每一位居民享有安全、健康、幸福"的安全社区理念。延伸生产系统 HSE 管理体系和 QC 管理，把成熟管理体系引入社区安全管理中。

4.2.2.3　规范项目策划机制，实施重点安全项目

华丽社区将生产场所的一些做法"移植"到了社区管理中，将 HSE 管理体系中的《目视化管理规范》《交通安全管理办法》《消防安全管理办法》《安全标准化管理办法》等 8 个标准应用到了社区安全管理，策划实施了涉及工作场所、消防、交通、治安、居家、老年人等方面的促进项目，并组织开展了项目研讨、交流分享、评比奖励等活动。

社区在建设中，将安全项目纳入 QC 管理，年初进行登记备案、年底进行成果总结、发布和评比，形成了良好运行机制，确保项目质量。策划安全促进项目主要依据当年的《事故与伤害风险辨识评价报告》《安全促进目标计划》等，做到了项目结构完整。结合社区特点：提出了安全项目策划实施流程（图 4-11），并规范了重点环节的组织实施。

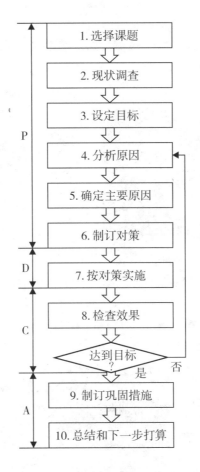

图 4-11　安全促进项目策划程序

工作场所安全：以基层"三标"建设规范管理为重点，实施全员、全方位、全过程"三全"管理，将承包商纳入企业 HSE 管理；矿区施工作业安全项目；推行"HSE"管理、属地管理"直线责任制"、重点部位"目视化管理"、班组工作的"六个一"等。

交通安全：以针对"六大陋习和危险行为"为主要内容开展宣传教育、工作车辆"GPS"定位管理、道路拓宽改造等交通环境改善、社区车辆违规停放治理（建立私家车辆信息档案、设立矿区门禁系统、配备社区交通治安巡逻车、制定落实分时段管理法等），关注员工"八小时"以外的交通安全。

消防安全：推行消防 4 个能力建设、开展消防通道改造、消防设备设施配备等小区火灾预防能力提升项目（完善消防安全设施及消防器材，加强巡逻改造、拓宽消防通道；联合入户安检等），开展全区居民消防安全教育。

社会治安：实施"三防工程"，发挥巡逻车和"三老二长一员（指干部、老同志、老党员、楼栋长、单元长和信息员）"专兼职志愿者巡防队作用，"五统一"的矛盾化解机制以及流动人员"3+2"管理。

居家安全：推行华丽社区"325"服务热线、供电设施改造等居民用电隐患治理；全方位开展居家燃气安全项目等。

学校安全：开展四处一校的"安全和谐学校建设工程"、深泽幼儿园多主题安全教育、"安全综合等级达标年"活动等。

4.3 功能型安全社区

4.3.1 天津经济技术开发区国际安全社区

天津经济技术开发区（以下简称"天津开发区"）自 2010 年 4 月正式启动全国

安全社区建设工作，按照标准要求，将安全社区作为安全工作的重要抓手，确立了"零事故，零伤害"的建设目标，从工业园区的特点出发，以工作场所安全、公用基础设施安全、公寓安全、学校安全、居民社区安全、交通安全、消防安全、社会治安8大系统（领域）为重点，策划实施了21个区域性的安全促进项目，建立了以风险辨识评价、安全促进效果评估为依托的持续改进工作机制，实现了区域安全形势的持续稳定，建立了以开发区为载体的安全社区建设新模式。2016年天津经济技术开发区通过了国际安全社区现场认证，成为国际安全社区网络成员。

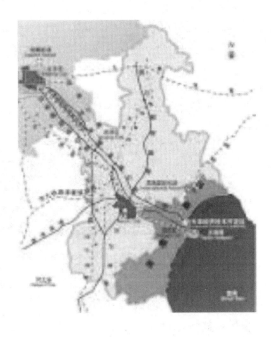

4.3.1.1 天津开发区概况

天津开发区是滨海新区开发开放的前沿，地处新区核心位置，是以制造业为主的工业园区，不同于一般的街道、镇社区和国有企业社区，具有"大工业""大人流""大车流"的三大区域特征。工业企业是最主要的社会单位，工作场所安全、交通安全、消防安全、社会治安均以企业为侧重；公用基础设施自成体系，实现了道路、供水、供电、排水、蒸汽、宽带、供热、邮电、燃气"九通"和土地自然地貌平整的"一平"；外来人口多，流动性大；紧邻港口，物流业发展迅速，车流大。天津开发区采取的是管理委员会模式，按照精简、统一、效能的原则设置内部机构，相关职能部门合署办公，率先实行"大部门制"。管委会直接下辖社区而不设置街道乡镇建制，由相关职能部门直接对社会单位进行管理。

开发区母区位于天津市东南，总面积约40平方千米，常住人口近13万人，其中65岁及以上人口占2.2%，0～14岁人口占5.7%；流动人口11.18万人，6.2万人居住在公寓中，主要分布在建筑业和服务业。开发区母区分为工业区和居民区两部分，工业区有生产型企业近500家，以电子信息、汽车、装备制造、食品饮料等行业为主。居民社区形成较晚，与工业区域相对分离。截至2014年底有7个已建成居民社区和3个筹建社区、2个待建社区。辖区内有宾馆、文化娱乐等人员密集场所192家、各类医疗机构和社区卫生服务站31家；各类学校20所。辖区内常住人口仅12.6万余人，规模较小，且以青壮年为主，约占48%，儿童、老年人、残疾人、妇女占总人口的比例均低于全国平均水平，弱势群体总人口数较少。从园区人员结构来看，以外来人口为主，流动人口总数与常住人口相当，且来自市区的"上班族"白天在开发区工作，晚上回到市区居住。

4.3.1.2　安全社区建设组织机构

在安全社区理念引领下，倡导"党组领导、管委会主导、安委办牵头、多元参与、联合共建"的新型安全社区建设模式，成立了由管委会领导任主任的天津开发区安全社区促进委员会，作为安全社区建设的领导机构。安全社区促进委员会包括安监局、城管局、教育文化卫生体育局、公用事业局、公寓管理中心、流动人口管理办公室等部门，消防开发支队、公安分局、交警大队等驻区单位，泰达控股公司等负责城市运营的大型国有企业，以及安全生产协会、泰达社会服务中心、志愿者协会、老年人协会等社会组织。

安全社区促进委员会办公室设在区安监局（安委办），安全社区促进委员会制定了《安全社区会议与信息报送制度》《安全社区档案管理制度》《安全促进项目管理制度》《安全培训教育制度》《事故统计与伤害监测工作制度》《安全社区评审与持续改进工作制度》6项工作制度，将安全社区建设和重点项目实施工作纳入了《天津开发区安全生产"十二五"规划》和各部门安全生产责任书，明确了重点项目责任制。

结合开发区的实际情况，按照"点面结合"的原则，在开发区安全社区促进委员会下，成立工作场所安全工作组、公共基础设施安全工作组、居民社区安全工作组、外来务工人员安全工作组、校园安全工作组、消防安全工作组、社会治安工作组、交通安全工作组等8个专项工作小组，开展各专门领域的安全促进工作。

4.3.1.3　重点安全促进项目

天津开发区是以制造业为主的工业园区，隶属于典型的以经济技术开发为载体的工业园区型安全社区建设模式。开发区在建设过程中非常注重区域事故风险辨识及评价，并依此为基础开展实施安全促进项目。将全区划分为工作场所、公用基础设施、居民社区、外来务工人员、学校、治安、消防、交通等8个辨识单元，通过重大事故风险辨识、安全现状评价、以往事故统计分析、隐患排查、居民安全诉求分析等风险辨识技术方法全面识别事故隐患。系统编制了8个单元的《重大事故风险辨识、控制措施与应急程序》手册；确定了存在安全技术缺陷的危险化学品企业、建筑工地农民工、地下管线、老旧高层建筑、企业班车、"群租"及地下室住人、事故"黑点"路段、治安重点区域等安全干预重点。

●**工作场所安全：**

企业安全管理体系推广：政府给予通过OHSAS18000等安全管理体系认证的企业资金补贴；企业安全生产体系化"互学互看活动"等措施，有效推动了企业进行安全体系建设。

高处坠落预防计划：在全区的装修及维修、外墙清洁、冷气机安装等行业中小企业推行该项目，符合条件的企业可以申请到最高4000元的资助用于购买员工的高空防坠落防护装置，管委会投入50万用于中小企业"高空作业防坠装置"资助项目。

小微企业安全设施共享平台计划：为了解决小企业因为安全设施设备缺失而导致的事故，开发区以天大科技园为试点，联合物业公司及相关企业，推行安全设施共享平台计划，按照欧标，采购所需安全设备设施，为园区生产性企业提供免费安全租赁服务，并安排专人指导安全设备的正确使用。

企业安全文化提升计划：由开发区安监局牵头，安全生产协会为平台，推行"企业安全文化提升计划"，包括举办安全文化沙龙、编写书籍《泰达企业安全文化》、组建"安全漫画志愿者"队伍。

建筑企业规范化管理计划：制定了"建筑工地标准化指南"，通过专家检查组，每季度对施工现场、宿舍、各种机器设备检查，督促企业实施。

危险化学品企业技术改造安全项目：对开发区使用液化石油气罐的企业、安全设施不足的企业进行改造，项目覆盖率100%，达标率80%以上。

叉车行进风险点源识别图：联合辖区丰田等使用叉车企业，绘制叉车行进路线风险点源的识别图。针对叉车的行进路线，对沿途路过的路口、停车位置等信息进行记录，并将风险点绘制成图。叉车操作人员根据识别图，更加熟悉掌握作业区风险和明确操作流程。企业将现场分区管理，利用不同颜色进行叉车行进现场目视化管理，并开展"指差称呼确认"计划。

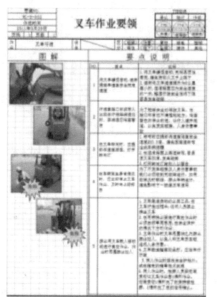
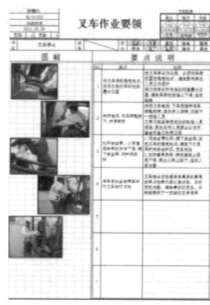

危险预知行动：天津三星电机有限公司每班作业者上岗前进行"危险预知"活动。活动标准是：眼睛要注视需要确认的对象，伸出右臂用食指指向需要确认的对象，大声喊"OO无异常""OO好"，耳朵听自己的声音就是要将眼、胳膊、手指、嘴、耳朵全部动员起来确认。通过"危险预知"计划，形成团队的一体感和连带感，给大脑皮注入好的印象，诱导安全的行为开发感受性，使对危险的感受性变得更锐利，提高集中能力，可以预防遗忘或不注意导致的安全事故。

"手电筒"计划：天津三星电机有限公司推行的"手电筒"计划，要求组长以上管理者每人配一部手电筒，手电筒要随身携带，随时随地点检。尤其要求点检时必须使用手电筒，清扫时必须使用手电筒。通过"手电筒"计划使企业安全检查更加细致、到位，安全隐患无所遁形。

丰田纺机械伤害预防：为了预防机械伤害，推行了"吓一跳"提案计划、"安全锁"计划、STOP6教育、KYT4R（危险预知训练）活动、"安全道场"教育。

● 暴力伤害预防：

社区巡逻服务队计划：组建以社工、志愿者、保安员为主体的群众义务巡逻队、一支针对外国人救援服务的外籍志愿者队伍，辅助社区巡逻，开展邻里守望、看桥护路、治安防范。

"半边天家园"计划：通过"半边天家园"，建立了可以进行妇女儿童维权岗、家庭暴力纠纷调解处、妇女儿童权益纠纷调解的服务站点；推广使用"妇女之家维权服务指南"，协调推动解决困难家庭和受暴妇女儿童面临的困难与问题；建立妇女议事会，开展妇女的心理咨询、学习教育培训、就业创业指导等方面的活动。

夜班护送计划：天津开发企业所处位置相对独立、空旷，为预防夜班员工下班后的人身或财产伤害，建立了以一汽丰田、美克家私两家大企业为主，有10家企业参加，覆盖地域2平方千米，每个企业出10名保安，同5辆联防车辆一起，每天夜间12时到第二天早上4时在联防片区进行巡逻，为夜班员工提供保护。

"群租"及地下室住人"十分制"计划：开发区有40%左右的流动人口散居在社区，开发区推行"十分制"计划，通过强化对房主和二房东的责任，对住户安全行为进行约束。

● **居家安全促进**：

智慧安全社区计划：为了解决居民反映的"路灯不亮、井盖丢失、部分基础设施损毁、消防、治安"等问题，以华纳社区为试点，推行"智慧安全社区计划"。通过"两实"（实有房屋、实有人口）系统，以9+X的模式维护居家安全。

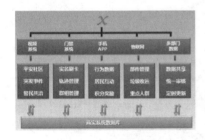

预防犬咬伤干预计划：成立"宠物养户协会"，制定小区内的养犬公约，将"安全养犬"公约的内容写入"小区管理规约"；培育养犬人安全技能；开展有关安全养犬知识竞赛；举办角色扮演等社区剧场；为犬只免费注射疫苗。划定遛狗区域和规定遛狗时间等。

居民用药安全计划：开展用药常识、用药安全注意事项等的宣传与培训；提供独居老人安全用药服务；每年开展一次药品清理行动；开展过期药品换购行动。推广安全用药的药盒，并免费为辖区的空巢、高龄老人发放。

"400户1社工"隐患发现计划：推行"400户1社工"网格责任制，网格员用手机动态维护居民的基本情况，发现路面坑洼、设施损毁等安全隐患时，通过智能手机客户端拍照上传功能，及时将信息传递至相关部门，并监督网格内的不安全行为。

安健家庭计划：将家庭分为老年人家庭和幼儿家庭两类，设计"安健家庭"评比的指标；作为"安健家庭"的示范家庭，不仅获得了奖品，还担负着推广安健家庭的计划，所有参与的家庭都会获得相应人群的安全产品大礼包一份，用于自己家庭的安全隐患改进。

幼儿伤害预防计划：依托亲子乐园、Happy summer等平台，聘请专家在社区开展有关幼儿室内、室外环境安全、喂养安全等方面内容的安全知识讲座、技能培训等。深入家庭中，帮助居民辨识居家环境中存在的隐患，如地毯卷边等；为居民推荐性价比合适的幼儿伤害防护用品（例如，窗止、防撞条、抽屉锁等），并在社区推广，让更多的幼儿家庭了解并使用这些有效的防护用品。

4.3.1.4 老年人防跌倒项目

针对老年人跌倒这个第一位的伤害，有针对性地开展了：老年人平衡能力评估、平衡能力提升计划、居家环境风险排查计划、保姆及陪护人员居家安全能力培养4个方面的干预。

4.3.1.5 守望计划

针对空巢老人生活上安全问题以及心理的特殊性，对空巢老人实施了：志愿者与空巢老人结对、企业级社会团体志愿为空巢老人提供帮扶，并开展了针对"空巢老人志愿者培训计划"。

燃气安全计划：委托SGS（全球最大的检验、测试机构）成立专门的部门来负责对用户室内用气安全进行检查；改造老旧小区的燃气管线，为用户更换老旧燃气表近万块；引进新材料新技术，用户灶前使用不锈钢波纹管丝扣连接，避免了原来使用胶管而频出的漏气、破裂等问题。每年暑假前夕，根据开发区大多双职工家庭假期孩子独自在家居多的情况，开展"燃气宝宝告诉你""我是小小安全员"有奖征文、"燃气安全主题班会""我与妈妈一起读"等活动，以"教育一个孩子、带动一个家庭、影响一片群众"。对辖区内有"特殊需求"孤寡伤残人员开设"绿色通道"。

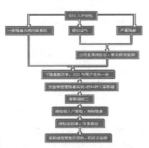

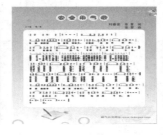

● **消防安全促进**：

建筑工地工棚火灾预防：取缔可燃建筑材料搭设的临时建筑、帮助农民工进行安全检查、设立手机集中充电室、解决集中供暖工地等措施，进行干预，项目开展以来，工地工棚火灾事故减少了35%。

居住区"生命通道"畅通工程：对私搭乱建较严重的消防通道和逃生通道的违建进行拆除；为消除私家车占用消防通道的现象，各小区物业新规划车位500余个，通过物业对车主进行引导；发动志愿者共同开展清除消防通道杂物行动，动用清整车辆70车次；维修破损安全门20余处；通过社区网格化动态管理，实时掌握消防通道畅通情况；各社区每年开展一次高层建筑应急疏散演习；学校开展绘制家庭应急逃生图活动；张贴了消防安全宣传海报及宣传页1万余张。

居住区消防安全网格化：将开发区划分成三级网格，在驻社区公安消防特派员的指导下，以管委会作为"大网格"、9个居民社区作为"中网格"，居民楼院及社区内社会单位作为"小网格"，对重点地区、"三合一"场所、出租屋等薄弱环节、社区内单位等开展消防安全管理。

消防安全大讲堂：消防支队从2014年1月起，以防火监督干部为培训的讲师团队，针对开发区企业员工在全区范围内开展"开发区消防安全大讲堂"。"大讲堂"以固定课堂讲座为主，每次安排1~2名防火监督干部授课，授课时长为1.5小时，其中包括15分钟答疑、互动环节，每场规模40~60人。同时，结合开发区消防工作实际情况不定期组织现场实地教学和专题讲座。

"三张照片"工作法：区消防支队一直以来实行"三张照片"工作法对开发区企业进行消防监督检查、审核验收、开业前检查、处罚、宣传、单位资料、火灾调查、消防培训、重大保卫任务、重要会议等工作。

● **交通安全促进**：

企业班车安全。针对辖区每天有数万人通过班车等交通方式往返于开发区和其他区域之间，往返于市区和开发区之间的职工每天有2~3个小时是在班车上度过的，大量的通勤人员及较长的通勤时间会带来较高的事故风险的实际情况，对企业班车统一备案登记；2011年进行了津滨高速改扩建工程，并将其定为客车专用高速；在班车发车的重点路口设立安全引导员。对近200辆老式班车进行技术改造，加装安全带和GPS系统；聘请香港专业交通运输安全顾问公司，在全区驾驶员中推广防御性驾驶技术；规范班车运营单位的安全管理水平。滨海公交（所属车辆占全区班车总量的70%以上）通过了OHSAS18001职业健康安全管理体系标准认证，辖区内6家班车企业全部通过标准化评定等。

津滨轻轨"安全门"。中山门站、塘沽站、泰达站、会展中心站候车站台未安装安全门，有记录在案的乘客下路轨事件已经发生了19起，乘客的衣物、鞋子等物

品因不良天气或不慎掉下路轨，高峰期间轻轨站台客流拥挤的现象也多次发生。2010年起，滨海快速公司对津滨轻轨东段14个既有站和3个预留站全部加装安全门。

事故多发路段治理。通过对辖区交通伤人事故、死亡事故等的分析，确定南海路等3个路段为事故多发路段，综合采取干预措施：改善道路先天设计不足带来的隐患。将南海路、发达街以北路段的车道数量从原双向六车道改造为双向十车道；黄海路、泰达大街南口利用中心绿化带空间增加一条左转车道；南海路方向将左转车流和直行车流分开方向等；改善交通环境，治理大货车超限、超载、超速、闯红灯；开展交通安全巡查；制定恶劣天气三级应急响应方案，防范和化解不利气象条件对道路交通安全的影响。

"蓝白领"自杀预防。开发区高危人群主要包括：男性、青年、低学历、生产运输设备操作人员及有关人员。该类人群长期处在高强度、重复性强的工作环境中；从一些安全事故中发现，因职工的情绪、心理问题已成为引发"三违"行为的重要因素。为减少工作场所伤害、预防自杀，开发区工会建设了职工心理健康中心，组建了包括中科院心理所以及天津师范大学心理与行为研究院的学术专家团队，中心建立了专门的预约咨询机制；针对特定的危机形势，对职工集体应激性障碍的案例进行干预；深入企业开展现场公益咨询；联合专业院校开展职工心理健康调查，实施"心灵驿站"员工心理帮扶计划、培育基层"心理干预者"职工"好心态提升计划"等。

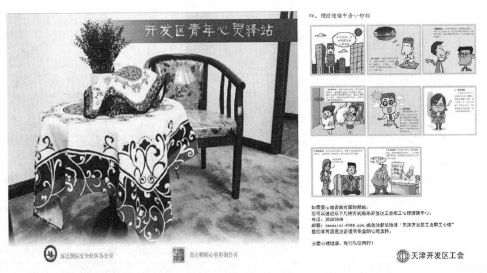

安全社区建设以来，辖区事故起数、死亡人数等绝对指标相对平稳，亿元GDP死亡率、10万人生产安全事故死亡率等相对指标逐年优化，并远低于全国平均水平；

交通事故和火灾也实现了起数、伤亡人数的双下降。泰达医院急诊室病例分析结果显示开发区的年伤害概率2014年比2010年下降了46.22%，总体呈下降趋势。该统计数据也从某种程度上证明街道在推动安全社区建设以来的伤害预防措施是有效的。机动车车祸、非机动车车祸于2010—2014年期间小型客车、火车、大型货车整体呈递减趋势，见下图。

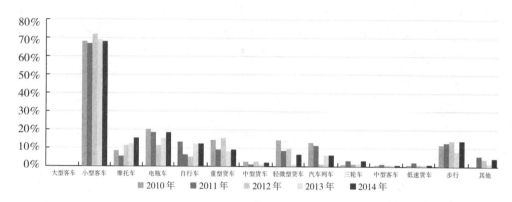

2010—2014年天津经济技术开发区交通伤害比率图

2014年安全社区KAP调查结果显示：天津开发区通过近6年的安全社区建设，不管是居民社区还是外来务工人员公寓，安全社区K、A、P和KAP得分，合格率基本都在80%以上，最高达95%；居住者生活满意度和安全感都较高，基本在80%以上。

4.3.2 大连长海县安全社区

长海县隶属于辽宁省大连市，是东北地区唯一海岛县、全国唯一海岛边境县。位于辽东半岛东侧黄海北部海域，东与朝鲜半岛相望，是东北地区距离日本、韩国最近的地区。长海县辖大长山岛、獐子岛2个镇和小长山、广鹿、海洋3个乡，行政村23个，社区7个。全县由252个岛礁组成，这些岛礁统称长山群岛。陆域面积119平方千米，海域面积10324平方千米，海岸线长359千米。

长海县海域广阔，海岸绵长曲折，海湾、水道、滩涂和渔场众多，有适宜浮筏养殖海域33万亩，适宜底播增殖海域790万亩。贝、鱼、虾、蟹、藻等海洋生物资源丰富，素有天然鱼仓之美誉。长山群岛的主导产业依海而展开，主要有海水养殖业、海洋捕捞业、水产品加工业和海岛旅游业，兼有运输业、修造船业、建筑业等二三产业。全县共有各类生产经营单位近2800家，涉及10余个行业门类；渔业经济总量占县域经济70%以上。

长海县于2009年整建制开展建设工作，以"民生至上、安康和谐"为理念、以建设"宜居长海、平安长海、和谐长海"为目标；以改善民生和减少伤害为目的，本着"军地共创平安"的宗旨调动辖区驻军等重要单位共同参与建设，截至2013年8月，全县5个乡镇中獐子镇、广鹿乡、大长山岛镇获得全国安全社区称号。

4.3.2.1　社区事故风险特点

一是渔业生产安全压力较大。全县拥有各类渔业生产船舶1万余只，其中沿岸养殖捕捞生产渔船8000余只，近海（转港）生产渔船2000余只，远洋捕捞渔船146只，从业人员约3万人。由于受风、浪、流、雾等自然因素影响，极易发生船舶翻沉、碰撞、人员落水等各类事故。

二是交通运输风险较高。海岛群众外出和内地游客进岛主要靠客运船舶运输，海岛群众需要的生活日用品和生产物资主要靠货运船舶运输。目前，客运交通船舶有24艘，货运交通船舶有29艘，每年发送旅客185万人次，货物185万吨；海上多变的气候条件严重影响了海上交通运输安全，易发生船舶碰撞、翻沉等事故。受地质条件制约，各岛屿主要公路大多依山依海而建，道面狭窄，山路弯多、坡陡，易发生各类机动车相撞、坠落、车撞人等交通事故。

三是消防和山林防火工作任务重。辖区共有二级消防单位70家、三级消防单位623家；有山林面积约6427公顷，冬春气候干燥季节易发生因居民上坟烧纸、燎荒等山林火灾。由于岛屿分散，除县政府所在镇驻有专业消防武警外，其余4个乡镇均为兼职半专业化防火队伍，消防能力不高，防火形势较为严峻。

四是涉水区域较多。辖区内有5个港口、3个浴场、17座水库、146处方塘和大口井，存在夏季游泳、冬季方塘、大口井儿童滑冰溺水风险。

五是公共场所及旅游事故风险越来越突出。近几年，海岛旅游热度持续升温，旅游旺季大批游客集中上岛，宾馆、旅馆、渔家旅店游客爆满，游乐观光、亲海体验、休闲垂钓等活动形式频繁，人员密集场所、公共场所、游乐场所、海水浴场安全压力增大。

六是防灾减灾和应急救援能力不足。海岛受台风和风暴潮等气象灾害影响极大，而由于岛屿分散，应急救援资源难以集中，加之财力有限、应急保障能力不足。

长海县针对实际情况，建立跨界跨部门合作机制，整合了辖区各类资源。尤其是各乡镇根据驻岛部队多的特点，整合协调部队的支持参与，消除工作盲点。

4.3.2.2　重点安全促进项目

长海县各职能部门结合工作职责，制定各专项规划方案，稳步推进实施区域性安全项目实施。在工作场所、消防、交通、社会治安、居家、校园与儿童、公共场所、涉水、旅游、防灾减灾等10个方面整体推进安全项目，下属乡镇在建设过程中，针对性策划实施了重点项目110余个，主要有：

渔业安全：渔政渔监部门对渔船实行集中统一管理，在渔港安装了高清监视探头，对渔船进出港情况实施监控；成立近海作业船只编组联队，推行"编组联队、结伴航行、同区作业"等渔船互助措施；用5条渠道完善大风预警的"无逢"传递，利用伏季休渔期渔船回港、渔民上岸时间长的时机，集中开展教育培训；早春和晚冬生产期间，对转港生产渔船进行跟踪检查；启动渔业安全基础设施建设工程，免费为渔民发放海上安全基础科技设施设备；发放GPS（报警手机）、救助终端，为渔船安装AIS防避碰信息终端。

建成了高压氧治疗中心，对潜水人员生命安全提供保证；采取县乡同步建设，形成以辽长公安1号、中国渔政21128号、21717号船为主、以每个乡镇确定10艘大马力渔船或滚装船为辅的海上抢险救援力量；成为首批全国平安渔业示范县。

工作场所安全：建立网格化管理和目标管理考核机制；对外来人员等重点人群推行安全素质教育工程；采取企业出资、政府补贴，推动企业开展行业安全标准化达标；对辖区31个冷库开展安全评价，定期开展应急演练、开展液氨专项治理；对烟花爆竹实行专船、专车运送，强化零售点和储存库房管理；辖区内所有建筑施工企业全面开展"安全标准化示范工地"建设活动。

消防安全：推行消防安全网格化；开展养殖企业工人宿舍防火检查，配备灭火器材；针对乡镇分布在不同的岛屿上，除县政府所在地驻有消防武警队伍外，其他乡镇没有专职消防队伍，獐子镇在原獐子岛海达服务公司内部，增设消防、救灾应急分队，配备消防车、备水车等基本装备，承担起消防、森林火灾、防台防汛等抢险救灾任务；推行獐子岛模式，其余乡镇建设专兼职消防队伍，全县基层消防队伍已实现由无到有的整体性突破。

策划实施山林防火项目，包括与驻军部队密切联动，乡镇采取由地方政府提供装备、驻军部队出人的形式联合共建森林消防队伍，开展森林防火演练、打通林区防火通道，供电部门对林区高压电线进行检查，倡导推行文明祭祀新风，减少火灾隐患等。

在楼道及居民比较集中的地带设置消防安全宣传版、提示贴，加强楼道文化建设；在村（社区）设置消防宣传栏，请消防专业人员走进社区讲解消防安全知识。

交通安全： 对35000延长米村巷路的刚性水泥路进行修建；在辖区车流人流较多、急转弯多、地质灾害多的重点路口、重点位置设置交通标识和警示牌；开展"路灯光明工程"，在县、乡级道路安装路灯；完成"主路环通全岛、支路联通村屯、巷路直通家门"的"三通"工程；引进大连交运集团，实现岛岛通公交车；针对区域红绿灯配备不完善的情况，实行"人行横道礼让行人"原则。

开展全民交通安全素质教育和"安全行车、文明乘车、幸福万家"系列主题活动，通过活动倡导"六个文明交通行为"，摒弃"六大交通陋习"，抵制"六大危险驾驶行为"；组织客货运船员开展职业技能比武活动，包括"滚装船车辆绑扎系固""抛接缆绳""救生衣正确快速穿戴"等活动。

 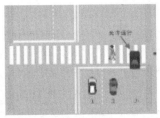 

加强港口现场安全管理和对水运企业监管；港口码头作业现场管理；对危险品装卸作业安全监管；危险品运输与装卸中遵循"航班优先，适当调整"原则，与客运航班错开靠港时间。

社会治安： 充分发挥海上"110"警务运行作用，建立海上"110"警务工作站和海上保安看护队伍，建设雷达监控站6座，沿岸护海岗楼59座，形成点、线巡逻监控与陆地分区覆盖监控相结合的监控网络；构建近海综合管理防控体系，建立以数字化、集成化为管理模式的近海综合管理系统平台。

居家安全：开展各色安全宣传进家庭活动；实施生态移民工程；构建医疗急救网络，实现"小病不出乡镇，大病不出县"；在各村和社区建立多功能"安全监督小站"；对低保户、困难户危房搬迁或改造；向75岁以上老人家庭发放"鸣笛水壶"；为老年人办理意外伤害保险；义工队伍在空巢老人家庭进行不定期走访。

学校安全：寒暑假期间针对无人看管的外来人口子女开设"阳光假日学校"；由学校统一组织租用客运公司客车，对坐船往返学生进行护送和交接，安排老师随车船负责；对寄宿生开展心理健康干预。开展"五老"假期专题教育，利用庭院中心户及鼓励社会志愿者提供能聚集儿童进行有益的活动等。

涉水安全项目：对辖区内的水库方塘、大口井进行调查摸底，按照所在位置、破损状况、危害大小进行风险评估，逐步开展安全改造工程建设；对24口水库方塘、大口井进行了修缮和增设安全防护设施。

休闲渔业海上垂钓船舶管理：对从事休闲渔业船舶设定基本准许条件，完善了安全设施的配备标准，限定了活动区域；旅店、饭店显著位置广泛张贴出海垂钓安全须知；出海前，垂钓船主向游客讲解出海垂钓安全知识及如怎样正确穿戴救生衣，进行危险告知。

天然浴场安全项目：对人员较集中的天然浴场，采取与该区域内渔家旅店同参与、共管理模式；从渔家旅店中挑选义务志愿者，配备救援器材；在黄金海岸浴场设瞭望台及相关监护设施，配备救生艇进行巡逻，安排专人对海面进行监控。

附录 1

安全社区宣言

安全——普遍的关注　共同的责任

（瑞典　斯德哥尔摩　1989 年 9 月 20 日）

平等

人人平等享有安全与健康的权利，这一社会政策原则是世界卫生组织关于事故预防与伤害控制的所有对策和全球计划的基本前提。通过减少伤害风险，缩小不同经济社会群体间事故与伤害率的差异能够实现安全共享。各级政府官员和决策者面临着让所有人在安全社区内拥有同等生活与工作机会的挑战。

发展中国家与发达国家中个体不平等的安全地位受到所有国家关注。各国领导人应建立国际合作机制以寻求这一全球性问题的解决方案。我们认为，每个国家都有责任使出口的产品和技术符合国际安全标准。

社区参与

发达国家和发展中国家的一些社区已经通过社区行动建成了安全社区。因此，我们认为伤害预防和控制的研究与示范项目应包括社区层面的行动计划。这些示范项目将揭示怎样创建安全社区。

尽管技术进步已经大大促进了交通安全，然而风险仍然存在。公众应积极参与行动计划以进一步促进交通安全。在家居生活与休闲活动的伤害预防方面，由于相应的技术解决方案研发不足，预防项目中公共参与就显得更为重要。

创建安全社区时，必须充分认识和考虑本地情况、独特资源以及经济社会文化中影响伤害率的决定性因素。通过个人和组织的跨界合作，识别这些因素和其他相关因素。

人们有权利和义务参加策划和实施他们的安全社区计划。

国家和国际参与

作为国家健康计划的一部分，各国政府应制定一个全国性政策和行动计划以创建和推进安全社区。所有国家的健康管理部门都急切需要确定国家安全目标并制定出实现这些目标的计划。我们认为好的计划有赖于多部门的参与合作。

国家之间也应相互合作确保安全社区发展。一个国家的安全社区创建经验有利于其他国家安全社区的创建。

行动建议

斯德哥尔摩会议确定如下 4 个安全社区行动领域：

1. 制定安全政策

政府需要加大人力、财力等资源的投入以促进公民安全和健康。安全生活是最基本的权利；生活安全带来时间更长和更富有成效的生活。各国应实行普遍的安全政策，它应包括法律、财政政策以及机构变革等配套办法。国家事故与伤害预防计划应提供安全社区创建指南，还应在国家和设计层面建立跨部门合作组织。

高伤害率和残疾率多发于弱势群体，如残疾人、儿童、老年人以及妇女。缩小残疾人与社会其他群体之间的伤害率差距，要求政府制定针对易受伤害群体的事故和伤害预防优先政策。诸如酗酒、吸毒等其他导致事故和伤害的因素也应纳入公共政策之中。

技术的快速变化极其广泛使用对公共安全提出了新的挑战。技术变化往往导致新的安全风险，或导致新的人群暴露于风险之下。政府高新技术政策要有助于减少技术危险和变革风险，否则可能导致伤害率上升。此外，各国政府应致力于共同建立国际安全标准，这将限制某个国家的技术变化影响其他国家的伤害率。

公司和其他商业组织、非政府组织以及社区民众都影响安全状况。应该鼓励这些组织机构遵守政策以维持和促进安全，他们也应该参与制定和共同实施政策。工会、行业组织、研究机构、宗教团体等都有机会和责任参与促进人人安全与健康的行动。也鼓励成立新的安全促进组织和联盟。

促进公共安全首先要求识别安全障碍以及影响安全政策实施的因素。然后，制定消除安全障碍的方法。政策制定者和个人都应认识到安全是最容易和最便宜的选择。

2. 营造支持环境

人们生活和工作在一个可能产生不必要的事故和伤害的风险环境之中，使用的产品可能具有不必要但又难以预料的危险。既然不同国家的环境风险和产品危险基本相似，就亟待建立一个国际信息分享系统。致力于保护人类免受机械、化工以及电子工程等影响与伤害的人们，要意识到人们喜欢多样化环境，因为这样的多样性能丰富他们的生活。

在诸如机动运输等现代工具的风险与利益之间要寻求平衡。创建安全社区须建立一套强调咨询、协商与合作的工作机制。要强烈建议将安全与伤害控制提高到政策制定者的重要日程之中。鼓励非政府组织参与安全行动。新闻媒体要帮助民众宣传教育，解释安全与伤害控制复杂的政策问题。

教育机构也要认识到他们具有伤害预防职责，开设的课程应能使学生有创造安全环境的能力。如果学生改变了他们自己的安全行为，也能影响其家人的安全行为。

我们建议地方、国家和国际机构建立和加强事故与伤害预防工作网络，研究人员、培训人员以及项目管理人员等网络成员能够在此共同分析和实施公共安全政策，交流地方、国家和国际等各个层面的经验。

3.加强社区行动

在发展中国家和发达国家中，开展事故与伤害预防项目的一些社区已经成功减少了伤害。这些项目的成功在于当地民众、地方组织和政府部门在安全设计行动中相互合作、共同参与。在不需要大量新的财政资源投入的情况下，综合性地方项目就能减少伤害。当公众增长了事故与伤害的预防知识、积累了成功的对策措施、适当专注当地经验时，社区能够制定和实施有效的伤害减少项目。

事故与伤害预防需要许多组织群体的协调行动。安全是有效政府、安全健康机构、企事业单位、非政府和志愿者组织、行业组织以及媒体的共同责任。无论是作为个人还是作为家庭和社区成员，各行各业的人们都与安全具有密切关系。成功的社区项目经验显示，从预防和控制措施开始实施到伤害率下降只有一个很短暂的时滞。这个及时成效鼓励着社区参与者继续他们的努力。当伤害率出现下降时，安全措施能够获得广泛的公众支持，也能得到大众媒体的有效推广。

地方上故意伤害预防项目应包括个体安全和公共安全信息、志愿者培训、雇佣人员、安全发展量表和其他可以反映行为变化和环境改变的工具。项目应不仅仅专注于改变主要危险源，也要重视细微危险源。事故与伤害预防需要得到各种不同努力的支持，各种安全措施能相互补充，事故与伤害预防项目需要的改变甚至可能还包括当前建筑标准和公共健康教育行动的调整和修改。以下4方面要素是重要的：信息和建议、教育培训、监督、环境改变。

社区行动需要得到各级政府在技术咨询、培训、示范材料、财政支持以及评估等方面的支持。然而，应当注意确保社区项目是由社区成员设计、符合设计需要，而且主要是运用社区资源实现目标。

脆弱的和在政治上具有特别重要性的群体应得到充分重视。因此，应特别强调儿童伤害预防。儿童伤害预防与儿童发展阶段密切相关，所以在指定预防策略时必须充分考虑儿童发展阶段。妇女虐待和伤害在许多国家也是一个首要的伤害问题。应更加注意识别和界定这些问题以开发和实施预防策略。

4.拓宽公共服务

安全社区不仅涉及安全健康部门，还涉及许多其他部门，包括农业、工业、教育、家居、体育休闲、公共事务以及社区。这些部门须协调一致努力达到最理想结果。

专业的安全与健康部门发挥的一个重要作用就是收集和传播伤者信息、伤害模式、伤害原因以及危险因素识别。这些信息能够促使社区行动组织具有充分的数据信息开展工作。个人也可参与地方社区健康教育和安全促进的努力之中。

由多部门代表组成国家安全委员也能在地方层次上支持发展。在一些国家，保险公司也在这些委员会的建立和运营上发挥了一定作用。

伤害预防与事故控制项目须包括识别伤害问题特征和伤害控制效果评价的要素。有效的伤害预防有赖于对问题、易受伤害人群以及历史伤害率等方面的准确知识和信息。掌握这些信息是创建安全社区的最早步骤之一。应该建立与医院医生、慢性感染病监测人员、负责公共安全和社区安全人员等紧密合作的伤害监测系统。

事故与伤害预防项目必须高度关注每个社区的易受伤害群体以及高发性伤害及其主要原因。妇幼保健网络、学校健康教育行动、老年福利服务等是许多现行故意与伤害预防项目中针对易受害群体的主要项目。

评估伤害控制项目的过程与效果是十分重要的。过程评估将允许区分成功实施与未成功实施的项目要素。整个项目的总体成效可以通过效果评价来衡量。在以社区为基础的多部门协调的事故伤害预防计划中，评价伤害预防措施效果的方法是必要的。

总体结论

第一届世界事故与伤害预防大会的与会者呼吁采取紧急有效的国家和国际性行动，在全球发展和实施"安全社区"项目。他们督促政府、世界卫生组织、其他国际组织、双边或多边机构、非政府组织、金融机构、所有安全健康工作者以及世界所有社区都支持国家和国际对于安全社区的承诺。与会者主张各方对该目标提供技术和金融支持，特别是发展中国家更需要这样的支持。与会者一致同意传播和实施本宣言提出的建议。

附录 2

中华人民共和国安全生产行业标准
安全社区建设基本要求

前　言

本标准的制定依据中国社区特点、安全社区和安全文化建设要求提出，参考了"平安社区""绿色社区""文明社区"等社区建设的有关要求和我国安全生产相关标准。

本标准的制定参考了世界卫生组织社区安全促进合作中心的安全社区准则的技术内容、国际劳工组织 ILO/OSH2001《职业安全健康管理体系　导则》和 GB/T28001 — 2001《职业健康安全管理体系　规范》中相关条款内容的要求。

本标准未规定具体的社区安全绩效指标，其目的在于强调持续改进理念，使本标准具有广泛适用性。

本标准由国家安全生产监督管理总局提出并归口。

本标准起草单位：中国职业安全健康协会。

本标准主要起草人：吴宗之　欧阳梅　佟瑞鹏

1　范围

本标准规定了安全社区建设的基本要求，旨在帮助社区规范事故与伤害预防和安全促进工作，持续改进安全绩效。

本标准适用于通过安全社区建设，最大限度地预防和降低伤害事故，改善社区安全状况，提高社区人员安全意识和安全保障水平的社区。

本标准供从事安全管理、事故与伤害预防和社区工作的人员使用。

2 规范性引用文件

下列文件中的条款通过本标准的引用而成为本标准的条款。凡是注日期的引用文件，其随后所有的修改单（不包括勘误的内容）或修订版均不适用于本标准，然而，鼓励根据本标准达成协议的各方研究是否可使用这些文件的最新版本。凡是不注日期的引用文件，其最新版本适用于本标准。

（1）ILO/OSH2001：职业安全健康管理体系　导则，国际劳工组织；

（2）世界卫生组织 2002：安全社区准则；

（3）GB/T28001—2001：职业健康安全管理体系　规范。

3 术语

（1）安全（safety）

免除了不可接受的事故与伤害风险的状态。

（2）社区（community）

聚居在一定地域范围内的人们所组成的社会生活共同体。

（3）安全社区（safe community）

建立了跨部门合作的组织机构和程序，联络社区内相关单位和个人共同参与事故与伤害预防和安全促进工作，持续改进地实现安全目标的社区。

（4）安全促进（safety promotion）

为了达到和保持理想的安全水平，通过策划、组织和活动向人群提供必须的保障条件的过程。

（5）伤害（injury）

人体急性暴露于某种能量下，其量或速率超过身体的耐受水平而造成的身体损伤。

（6）事故（accident）

造成人员死亡、伤害、疾病、财产损失或其他损失的意外事件。

（7）事件（incident）

导致或可能导致事故与伤害的情况。

（8）危险源（hazard）

可能造成人员死亡、伤害、疾病、财产损失或其他损失的根源或状态。

（9）事故隐患（accident potential）

可导致事故与伤害发生的人的不安全行为、物的不安全状态、不良环境及管理上的缺陷。

（10）风险（risk）

特定危害性事件发生的可能性与后果的结合。

（11）风险评价（risk assessment）

评价风险程度并确定其是否在可接受范围的全过程。

（12）绩效（performance）

基于安全目标，与社区事故与伤害风险控制相关活动的可测量结果。

（13）目标（objectives）

社区在安全绩效方面要达到的目的。

（14）不符合（non-conformance）

任何与工作标准、惯例、程序、法规、绩效等的偏离，其结果直接或间接导致事故、伤害或疾病，财产损失、工作环境破坏或这些情况的组合。

（15）持续改进 continual improvement

为了改进安全总体绩效，社区持续不断地加强事故与伤害预防工作的过程。

4　安全社区基本要素

（1）安全社区建设机构与职责

建立跨部门合作的组织机构，整合社区内各方面资源，共同开展社区安全促进工作，确保安全社区建设的有效实施和运行。

安全社区建设机构的主要职责包括：

①组织开展事故与伤害风险辨识及其评价工作；

②组织制定体现社区特点的、切实可行的安全目标和计划；

③组织落实各类安全促进项目的实施；

④整合社区内各类资源，实现全员参与、全员受益，并确保能够顺利开展事故与伤害预防和安全促进工作；

⑤组织评审社区安全绩效；

⑥为持续推动安全社区建设提供组织保障和必要的人、财、物、技术等资源保障。

（2）信息交流和全员参与

社区应建立事故和伤害预防的信息交流机制和全员参与机制。

①建立社区内各职能部门、各单位和组织间的有效协商机制和合作伙伴关系；

②建立社区内信息交流与信息反馈渠道，及时处理、反馈公众的意见、建议和需求信息，确保事故和伤害预防信息的有效沟通；

③建立群众组织和志愿者组织并充分发挥其作用，提高全员参与率；

④积极组织参与国内外安全社区网络活动和安全社区建设经验交流活动。

（3）事故与伤害风险辨识及其评价

建立并保持事故与伤害风险辨识及其评价制度，开展危险源辨识、事故与伤害隐患排查等工作，为制定安全目标和计划提供依据。

事故与伤害风险辨识及其评价内容应包括：

①适用的安全健康法律、法规、标准和其他要求及执行情况；

②事故与伤害数据分析；

③各类场所、环境、设施和活动中存在的危险源及其风险程度；

④各类人员的安全需求；

⑤社区安全状况及发展趋势分析；

⑥危险源控制措施及事故与伤害预防措施的有效性。

事故与伤害风险辨识及其评价的结果是安全社区建设工作的基础，应定期或根据情况变化及时进行评审和更新。

（4）事故与伤害预防目标及计划

根据社区实际情况和事故与伤害风险辨识及其评价的结果制定安全目标，包括不同层次、不同项目的工作目标以及事故与伤害控制目标，并根据目标要求制定事故与伤害预防计划。计划应：

a）覆盖不同的性别、年龄、职业和环境状况；

b）针对社区内高危人群、高风险环境或公众关注的安全问题；

c）能够长期、持续、有效地实施。

（5）安全促进项目

为了实现事故与伤害预防目标及计划，社区应组织实施多种形式的安全促进项目。

①安全促进项目的重点应针对高危人群、高风险环境和弱势群体，并考虑下列内容：

a）交通安全；

b）消防安全；

c）工作场所安全；

d）家居安全；

e）老年人安全；

f）儿童安全；

g）学校安全；

h）公共场所安全；

i）体育运动安全；

j）涉水安全；

k）社会治安；

l）防灾减灾与环境安全。

②安全促进项目的实施方案内容应包括:

a)实施该项目的目的、对象、形式及方法;

b)相关部门和人员的职责;

c)项目所需资源的配置和实施的时间进度表;

d)项目实施的预期效果与验证方法及标准。

（6）宣传教育与培训

社区应有安全教育培训设施,经常开展宣传教育与培训活动,营造安全文化氛围。宣传教育与培训活动应针对不同层次人群的安全意识与能力要求制定相应的方案,以提高社区人员安全意识和防范事故与伤害的能力。

宣传教育与培训方案应:

①与事故和伤害预防的目标及计划内容一致;

②充分利用社会和社区资源;

③立足全员宣传和培训,突出对事故与伤害预防知识的培训和对重点人群的专门培训;

④考虑不同层次人群的职责、能力、文化程度以及安全需求;

⑤采取适宜的方式,并规定预期效果及检验方法。

（7）应急预案和响应

对可能发生的重大事故和紧急事件,制定相应的应急预案和程序,落实预防措施和具体应急响应措施,确保应急预案的培训与演练,减少或消除事故、伤害、财产损失和环境破坏,在发生紧急情况时能做到:

①及时启动相应的应急预案,保障涉险人员安全;

②快速、有序、高效地实施应急响应措施;

③组织现场及周围相关人员疏散;

④组织现场急救和医疗救援。

（8）监测与监督

制定不同层次和不同形式的安全监测与监督方法,监测事故与伤害预防目标及计划的实现情况。建立社区内政府和相关部门的行政监督,企事业单位、群众组织和居民的公众监督以及媒体监督机制,形成共建社区和共管社区的氛围。

安全监测与监督内容应包括:

①事故与伤害预防目标的实现情况;

②安全促进计划与项目的实施效果;

③重点场所、设备与设施安全管理状况;

④高危人群与高风险环境的管理情况;

⑤相关安全健康法律、法规、标准的符合情况;

⑥社区人员安全意识与安全文化素质的提高情况；

⑦工作、居住和活动环境中危险有害因素的监测；

⑧全员参与度及其效果；

⑨事故、伤害、事件及不符合的调查。

监测与监督结果应形成文件。

（9）事故与伤害记录

建立事故与伤害记录制度，明确事故与伤害信息收集渠道，为实现持续改进提供依据。事故与伤害记录应能提供以下信息：

①事故与伤害发生的基本情况；

②伤害方式及部位；

③伤害发生的原因；

④伤害类别、严重程度等；

⑤受伤害患者的医疗结果；

⑥受伤害患者的医疗费用等。

记录应实事求是，具有可追溯性。

（10）安全社区建设档案

建立规范、齐全的安全社区建设档案，将创建过程的信息予以保存，包括：

①组织机构、目标、计划等相关文件；

②相关管理部门的职责，关键岗位的职责；

③社区重点控制的危险源，高危人群、高风险环境和弱势群体的信息；

④安全促进项目方案；

⑤安全管理制度、安全作业指导书和其他文件；

⑥安全社区建设活动的过程记录。包括：创建活动的过程、效果记录；安全检查和监测与监督的记录等。

安全社区建设档案的形式包括文字（书面或电子文档）、图片和音像资料等。

社区应制定安全社区建设档案的管理办法，明确使用、发放、保存和处置要求。

（11）预防与纠正措施

针对安全监测与监督、事故、伤害、事件及不符合的调查，制定预防与纠正措施并予以实施。对预防与纠正措施的落实情况应予以跟踪，确保：

①不符合项已经得到纠正；

②已消除了产生不符合项的原因；

③纠正措施的效果已达到计划要求；

④所采取的预防措施能防止同类不符合情形的产生。

社区内部条件的变化（如场所、设施及设备变化、人群结构变化等）和外部条件的变化（如法律法规要求的变化、技术更新等）对社区安全的影响应及时进行评价，并采取适当的纠正与预防措施。

（12）评审与持续改进

社区应制定安全促进项目、工作过程和安全绩效评审方法，并定期进行评审，为持续不断地开展安全社区建设提供依据。

评审内容应包括：

①安全目标和计划；

②安全促进项目及其实施过程；

③安全社区建设效果；

④确定应持续进行或应调整的计划和项目；

⑤为新一轮安全促进计划和项目提供信息。社区应持续改进安全绩效，不断消除、降低和控制各类事故与伤害风险，促进社区内所有人员安全保障水平的提高。

附录3

国际安全社区现场认证申请报告提纲

社区概述

·简要描述社区，它的历史和发展。

描述目前为止安全社区的工作。

·社区安全的愿景是什么？

·为什么社区有兴趣成为国际安全社区网络的成员？

·社区有什么独特的伤害预防工作吗？ 如果有，简要描述。

·安全社区的工作已取得的成效。

·在社区实施安全推广工作是否遇到过困难？ 如果有，请简要说明。

·这个安全社区计划使用多少员工和资金？ 如果可能，提供预算说明。 如果使用志愿服务，请单独说明。

安全社区执行层（政治和管理/监管领导层）的基础工作

·社区的伤害风险概述。

·为管理安全社区工作制定了哪些目标？

·自计划开始以来，社区预算中安全工作经费预算（包括经营预算和资本预算）的优先级如何？

·为增加社区安全性是否采取了经济激励措施？ 如果有，描述这些激励措施。

·除了国家规定，为增强社区安全地方政府是否制定了地方法规、规定、办法？ 如果有，请描述这些当地法规。

·请根据其责任，附上政治层和行政层的安全社区计划组织结构图。

·描述自命名以来的持续改进（仅适用于重新认证申请社区）。

准则1 "有一个负责安全促进的跨部门合作的组织机构"

（1）描述协调，管理，协调和规划安全社区计划的跨部门合作组织〔此处跨部门合作指社会各部门之间的合作（公共部门，商业部门，志愿部门）〕。

①列出成员组织及其所代表的部门。

②市长、执行委员会和首席执行官（或社区的类似职能）如何参与项目的？

③谁负责跨部门组织的管理？

（2）描述协调，管理，协调和规划安全社区计划的部门间合作组织（此处指公共部门之间的合作）。

①列出公共部门的成员组织。

②谁负责该组织的管理？

（3）非政府组织（例如红十字，退休金、养老金或抚恤金领取者组织，体育组织，家长和学校组织等）参与安全社区的工作如何？

（4）是否有其他重要组织（如消防部门，警察，城市规划者，NGO等）未参与安全社区工作？如果是这样，社区计划如何积极吸收他们参与安全社区计划？

准则2　"有长期、持续、能覆盖不同性别、年龄的人员和各种环境及状况的伤害预防计划"

以下每个方面的方案/项目都要提及（简要）。

请指明哪一个是他们具体涵盖的人口部分以及参与实施的社区组织的哪些部门。注意，包括性别，所有年龄和所有环境和情况的工作。使用下面的列表作为清单。

（1）交通安全；

（2）居家安全；

（3）休闲安全；

（4）儿童安全；

（5）老年人安全；

（6）工作安全；

（7）伤害预防；

（8）自杀预防；

（9）灾害预防与应急响应；

（10）公共场所安全；

（11）医院安全；

（12）运动安全；

（13）涉水安全；

（14）学校安全。

准则2中提到的方案/项目应按下表列出。该表格也将在网页上展出。如果有必要，社区可以非表格格式扩展他们的描述。

方案／项目	方案／项目名称	实施的部门和组织	方案／项目的目标人群	方案／项目涉及的环境	方案／项目涉及的情形
（1）交通安全					
（2）居家安全					
（3）休闲时间					
（4）儿童安全					
......					

上述提到的方案／项目是否有是在其他组织或／和其他机构而不是社区监管下运行实施的？如有，请指出这些项目并介绍社区是如何参与的。

准则3 "有针对高危人群、高风险环境，以及提高脆弱群体安全水平的预防项目"

提及（简要）涵盖高风险群体、环境以及弱势群体的计划／项目，以增加其安全。对于每个群体来说明该群体如何参与该计划／项目的？

高风险和／或弱势群体如何识别的？

高风险群体的例子：

使用此列表作为检查表，在社区中被视为脆弱群体的进行说明，如果一个群体不被视为是社区中的弱势群体，请解释为什么？

（1）土著居民；

（2）社会经济风险群体；

（3）社区内的少数群体，包括工作场所（工人可以从其他社区上下班）；

（4）处于故意伤害风险的人群，包括犯罪行为和自我伤害的受害者；

（5）受虐待的妇女，男人，老人和儿童；

（6）患有精神疾病、发育迟缓或其他残疾的人群；

（7）参与不安全的运动和娱乐设施的人员；

（8）流浪汉；

（9）处于自然灾害伤害的人群；

（10）在高风险环境附近生活或工作的人（例如特定的道路或交叉路口，水灾等）；

（11）因宗教，外貌，种族或性倾向而面临风险的人；

（12）社区高风险环境的例子：

①有滑坡风险的地区；

②地震高风险地区；

③在学校附近交通十分密集的地区；

④其他。

准则 3 中列出的方案 / 项目应按下表列出描述。该表可以为读者呈现一个概述。该表也将在网页上展出。如果有必要，社区可以以非表格的形式扩展他们的描述。

高风险，易受伤害的群体和针对性的环境	方案 / 项目名称	参与实施的部门和组织	计划 / 项目所针对的年龄组	方案 / 项目所涉及的环境	方案 / 项目所涉及的情况
（1）土著居民					
（2）社会经济风险群体					
（3）社区内的少数群体，包括工作场所（工人可以从其他社区上下班）					
……					
（11）因宗教，外貌，种族或性倾向而面临风险的人					
（12）高风险环境					

上述提到的方案 / 项目是否有是在其他组织或 / 和其他机构而不是社区监管下运行实施的？如有，请指出这些项目并介绍社区是如何参与的。

准则 4　"有以证据为基础的促进项目"

在准则 2 和准则 3 中列出的所有方案 / 项目中，请说明是否"以证据为基础"？那些被确定为"以证据为基础的"，请描述证据的来源。是否与安全社区支持中心、科学机构或其他组织建立了有关开发和 / 或实施循证策略的联系？如果是的，请说明有哪些？他们的指导程度（范围）是多少？（"基于证据的策略 / 计划"被理解为利用已经被评估和证明有效的现有研究成果的战略 / 计划）

准则 5　"有记录伤害发生的频率及其原因的制度"

（1）利用哪些数据来源评估社区伤害风险以及制定伤害预防计划？

（2）社区是否建立了伤害监测系统？如果是，请描述该系统和伤害监测的主要发现。

（3）是否开展家庭调查以收集关于伤害，风险环境和风险情况的信息？如果是，请描述系统（样本、方法、调查内容等）和家庭调查的主要发现。

（4）谁记录社区的伤害数据（例如：医院，社区卫生服务中心，牙医，救护车急救人员，学校，照顾老人机构，警察）？

（5）描述数据的分析方式以及由谁分析。

（6）描述社区风险评估的方法和结果。

（7）描述风险评估结果如何使用，以促进社区的安全和防止伤害发生。

（8）如果可能，请列表描述自项目开展以来的伤害数据。

（9）你认为数据统计有用吗？如果不是，你是如何处理这些问题的？

准则6 "有安全促进项目、工作过程、变化效果的评价方法"

（1）社区是否有整体安全社区计划的评估计划？如果有，描述该计划。

①描述社区如何评估方案中各个方案/项目的执行进程。

②描述社区如何评估方案中各种方案/项目的结果。

③描述社区如何评估各个方案/项目对方案的影响。

（2）评估结果反馈给哪些人以及如何反馈？

（3）安全社区运动可能产生的具体成效或影响是什么？简要解释一下它们是如何以及为什么有效的。

准则7 "积极参与本地区及国际安全社区网络的有关活动"

（1）描述社区参与国际安全社区网络的活动。（例如：通过国际通信和/或国际会议分享经验；寻求建议或访问其他国家的其他社区或支持中心）

（2）描述社区参与国家安全社区网络的活动。（例如：通过国家通信和/或国家会议进行标准化，合作和分享经验；寻求咨询或访问国内的其他社区或支持中心）

（3）社区对成为国际安全社区网络成员的有哪些期望？（网页版也要写到）

（4）社区将对国际安全社区网络有何贡献？（例如，一个很好的例子，创新的方法、想法，特定领域的专业知识）

（5）命名仪式是否与任何国际会议、研讨会或其他形式的国际或国内交流合办？

附录4

中国大陆／内地国际安全社区名单

序号	国际安全命名序号	社区名称	所属省市	首次命名年份
1	97	青年公园街道	山东省济南市槐荫区	2006
2	120	望京街道	北京市朝阳区	2007
3	121	麦子店街道	北京市朝阳区	2007
4	122	亚运村街道	北京市朝阳区	2007
5	123	建外街道	北京市朝阳区	2007
6	124	潞安集团社区	山西省长治市	2007
7	125	钱家营社区	河北省唐山市开滦集团	2007
8	126	荆各庄社区	河北省唐山市开滦集团	2007
9	128	花木街道	上海市浦东新区	2007
10	129	静安区	上海市静安区	2007
11	130	虹桥镇	上海市闵行区	2007
12	131	康健新村街道	上海市徐汇区	2007
13	139	月坛街道	北京市西城区	2008
14	140	金融街街道	北京市西城区	2008
15	157	东直门街道	北京市东城区	2009
16	161	槐荫区	山东省济南市	2009
17	162	淮海中路街道	上海市黄浦区	2009
18	163	张江镇	上海市浦东新区	2009
19	164	新江湾城街道	上海市杨浦区	2009

序号	国际安全命名序号	社区名称	所属省市	首次命名年份
20	165	香蜜湖街道	广东省深圳市福田区	2009
21	166	八里庄街道	北京市朝阳区	2009
22	167	安贞街道	北京市朝阳区	2009
23	168	小关街道	北京市朝阳区	2009
24	189	中山公园街道	辽宁省大连市沙河口区	2009
25	190	兴工街道	辽宁省大连市沙河口区	2009
26	191	人民路街道	辽宁省大连市中山区	2009
27	192	李家街道	辽宁省大连市沙河口区	2009
28	193	星海湾街道	辽宁省大连市沙河口区	2009
29	194	展览路街道	北京市西城区	2009
30	195	卢湾区	上海市黄浦区（2011年与黄浦区合并）	2010
31	196	瑞金二路街道	上海市黄浦区	2010
32	197	金桥镇	上海市浦东新区	2010
33	198	长征镇	上海市普陀区	2010
34	232	沙河口区	辽宁省大连市沙河口区	2010
35	233	中山区	辽宁省大连市中山区	2010
36	237	香河园街道	北京市朝阳区	2010
37	238	潘家园街道	北京市朝阳区	2010
38	239	大屯街道	北京市朝阳区	2010
39	240	三里屯街道	北京市朝阳区	2010
40	241	左家庄街道	北京市朝阳区	2010
41	242	万莲街道	辽宁省沈阳市沈河区	2011
42	243	大南街道	辽宁省沈阳市沈河区	2011
43	244	方松街道	上海市松江区	2011
44	245	控江路街道	上海市杨浦区	2011

序号	国际安全命名序号	社区名称	所属省市	首次命名年份
45	246	南京东路街道	上海市黄浦区	2011
46	247	殷行街道	上海市杨浦区	2011
47	278	西岗区	辽宁省大连市西岗区	2012
48	279	四平路街道	上海市杨浦区	2012
49	280	五角场街道	上海市杨浦区	2012
50	281	五里桥街道	上海市黄浦区	2012
51	282	新街口街道	北京市西城区	2012
52	283	学院路街道	北京市海淀区	2012
53	284	湛山街道	山东省青岛市市南区	2012
54	285	八大关街道	山东省青岛市市南区	2012
55	286	珠海路街道	山东省青岛市市南区	2012
56	287	延吉新村街道	上海市杨浦区	2012
57	288	半淞园路街道	上海市黄浦区	2012
58	289	德胜街道	北京市西城区	2012
59	290	陆家嘴街道	上海市浦东新区	2012
60	291	团结湖街道	北京市朝阳区	2012
61	292	劲松街道	北京市朝阳区	2012
62	293	双井街道	北京市朝阳区	2012
63	294	福田区	广东省深圳市福田区	2012
64	295	夏港街道	广东省广州市黄埔区	2012
65	324	西长安街街道	北京市西城区	2013
66	325	东华门街道	北京市东城区	2013
67	326	新安街道	江苏省无锡市新吴区	2013
68	327	申港街道	江苏省无锡市江阴市	2013
69	337	永和街道	广东省广州市黄埔区	2014
70	338	首都机场街道	北京市朝阳区	2014

序号	国际安全命名序号	社区名称	所属省市	首次命名年份
71	339	小东门街道	上海市黄浦区	2014
72	340	潍坊新村街道	上海市浦东新区	2014
73	341	仙林街道	江苏省南京市栖霞区	2014
74	342	长白新村街道	上海市杨浦区	2014
75	343	人和街道	重庆市北部新区	2014
76	344	萝岗街道	广东省广州市黄埔区	2014
77	345	洋泾街道	上海市浦东新区	2014
78	346	五角场镇	上海市杨浦区	2014
79	350	东关街道	山东省潍坊市奎文区	2015
80	351	联和街道	广东省广州市黄埔区	2015
81	352	五山街道	广东省广州市天河区	2015
82	353	小谷围街道	广东省广州市番禺区	2015
83	354	白云街道	广东省广州市越秀区	2015
84	355	欧阳路街道	上海市虹口区	2015
85	356	江湾镇街道	上海市虹口区	2015
86	357	江浦路街道	上海市杨浦区	2015
87	358	泾渭苑社区	陕西省西安市高陵区	2015
88	359	晋煤集团社区	山西省晋城市城区	2015
89	360	锦江区	四川省成都市锦江区	2015
90	361	市南区	山东省青岛市市南区	2015
91	362	筼筜街道	福建省厦门市思明区	2015
92	368	鸳鸯街道	重庆市北部新区	2016
93	369	磁器口街道	重庆市沙坪坝区	2016
94	370	东区街道	广东省广州市黄埔区（2019年撤销）	2016
95	371	里水镇	广东省佛山市南海区	2016

序号	国际安全命名序号	社区名称	所属省市	首次命名年份
96	375	天津经济开发区	天津市滨海新区	2016
97	376	洛阳石化社区	河南省洛阳市涧西区	2016
98	377	双凤桥街道	重庆市渝北区	2016
99	378	渝州路街道	重庆市九龙坡区	2016
100	384	四川北路街道	上海市虹口区	2017
101	385	打浦桥街道	上海市黄浦区	2017
102	386	礼嘉街道	重庆市渝北区	2017
103	387	张庙街道	上海市宝山区	2017
104	392	康美街道	上海市渝北区	2018
105	393	旺泉街道	北京市顺义区	2018
106	394	马坡镇	北京市顺义区	2018
107	395	鼓浪屿街道	福建省厦门市思明区	2018
108	396	嘉莲街道	福建省厦门市思明区	2018
109	待命名	石园街道	北京市顺义区	2019
110	待命名	北小营镇	北京市顺义区	2019
111	待命名	空港街道	北京市顺义区	2019
112	待命名	三孝口街道	安徽省合肥市庐阳区	2019
113	待命名	竖新镇	上海市崇明区	2019
114	待命名	江川路街道	上海市闵行区	2019
115	待命名	七宝镇	上海市闵行区	2019
116	待命名	花桥街道	江苏省昆山市花桥经济开发区	2019

参考文献

［1］吴宗之．安全社区建设指南［M］．北京：中国劳动保障出版社，2005．

［2］卫生部疾病预防控制局，卫生部统计信息中心，中国疾病预防控制中心．中国伤害预防报告［M］．北京：人民卫生出版社，2007．

［3］张晓宁．我国自然灾害风险现状与展望［J］．中国减灾．2013．8：14-17．

［4］郑立业，陈文涛．社区安全管理［M］．北京：石油工业出版社，2011．

［5］卫生部疾病预防控制局．伤害干预系列技术指南［R］．2011．

［6］王书梅．社区伤害预防和安全促进理论与实践［M］．上海：复旦大学出版社，2010．

［7］陈文涛．安全社区建设—广州开发区模式［M］．北京：中国人口出版社，2014．

［8］中国法律网．历年我国汽车交通事故统计，死亡率是发达国家的4到8倍（2002-2014年）［EB/OL］．［2017-08-31］．http://www.sohu.com/a/168570822_99955533．

［9］王博宇，李杰伟．中国交通事故的统计分析及对策［J］．当代经济．2015．20：116-118．

［10］徐鑫．我国道路交通事故规律特点及预防对策分析［J］．中国安全科学学报，2013．23（11）：120-128．

［11］公安部交通管理局．中华人民共和国道路交通事故统计年报（2008—2012年度）［Z］．

［12］曾新颖，齐金蕾，段鹏，等．1990—2016年中国及省级行政区疾病负担报告．中国循环［J］．2018，33：1147-1158．

［13］张华．基于局部加权线性回归的交通事故数据分析［J］．宁德师范学院学报．2019，31（1）：10-15．

［14］央视网．应急管理部发布2018年火灾数据：去年火灾23.7万起 同比降15.8%［EB/OL］［2019-01-21］．

［15］王阳，施式亮，李润求，等．2013—2016年全国火灾事故统计分析及对策［J］．2018，11：60-63．

［16］张玉涛，马婷，林姣，等．2007—2016年全国重特大火灾事故分析及时空分布规律［J］．2017，37（6）：829-836．

［17］美国项目管理协会有限公司．项目管理知识体系指南（PMBOK®指南）．标准号ANSI/PMI 99-001 2000．

［18］王清．国际安全社区建设效果评估体系研究［D］．上海：复旦大学，2010．

［19］范晓乐，朱芳菲，罗发菊，等．2008—2014年全国灾情数据分析和探讨［J］．

中国应急救援，2015．6：40-42．

［20］李治欣．安全社区的系统管理研究［D］．天津：天津大学，2015．

［21］陈文涛．安全社区建设相关若干问题探析［J］．中国安全科学学报，2014．
（7）：118-124．

［22］中央政府网站．民政部、国家减灾办发布全国自然灾害基本情况［EB/OL］．
［2018-02-01］．http://www.gov.cn/shuju/2018-02/01/content_5262947.htm．

［23］成都市锦江区安全社区促进委员会．成都市锦江区国际安全社区申请工作报
告［R］．2013．

［24］青岛市市南区珠海路街道安全社区促进委员会．珠海路街道国际安全社区申
请工作报告［R］．2013．

［25］厦门思明区嘉莲国际安全社区促进委员会．珠海路街道国际安全社区申请工
作报告［R］．2017．

［26］山西潞安集团安全社区工作委员会.山西潞安集团社区国际安全社区复评申请
报告［R］．2013．

［27］大连长海县人民政府．长海县全国安全社区建设工作报告［R］．2011．

［28］上海花木街道安全促进委员会．花木社区国际安全社区再认证申请工作报告
［R］．2012

［29］北京市西城区月坛街道国际安全社区促进委员会．月坛街道国际安全社区再
认证申请工作报告［R］．2018．

［30］重庆市九龙坡区渝州路街道安全社区促进委员会．渝州路街道国际安全社区
现场认证申请工作报告［R］．2016．

［31］合肥市庐阳区三孝口街道安全社区促进委员会．三孝口街道国际安全社区现
场认证申请工作报告［R］．2018．

［32］天津经济技术开发区国际安全社区促进委员会．天津经济技术开发区国际安
全社区现场认证申请工作报告［R］．2016．

［33］华北油田华丽社区服务处．华丽社区全国安全社区建设工作报告［R］．2012．

［34］燕山地区安全社区促进委员会．燕山地区安全社区建设工作报告［R］．2011．

［35］WHO. Global status report on road safety［R］. Geneva: World Health Organization,
2013.

［36］World Health Organization. Child injury prevention: World report on child injury
prevention. Geneva: World Health Organization, 2008.

［37］World Health Organization .Drinking and driving-an international good practice
manual. Geneva: World Health Organization, 2009.

［38］Spinks A, Turner C, Nixon J, et al. The WHO safe communities model for the prevention of injury in whole populations［M］. Manhattan：John Wiley & Sons, Ltd., 2003：22-30.

［39］International Safe Community Certifying Centre. Safe communities network members ［EB/OL］.［2019-06-01］. https://isccc.global/communities-under-process-to-became-an-international-safe-community.

［40］Pierre Maurice, Julie Laforest, Louise Marie Bouchard. Safety promotion and the setting-oriented approach: Theoretical and practical considerations［R］. Quebec Safety Promotion and Crime Prevention Resource Centre, 2008.

［41］WHO. Preventing Suicide: a global imperative［R］. Geneva: World Health Organization, 2014.

［42］WHO. Global Status Report on Road Safety［R］. Geneva: World Health Organization, 2018.

［43］WHO. Global Report on Drowning：Preventing a Leading Killer［R］. Geneva: World Health Organization, 2014.

［44］World Report on Child Injury Prevention Geneva［R］: World Health Organization, 2011.

［45］World Report on Violence Prevention［R］. World Health Organization, 2014.

［46］Make walking safe:a brief overview of pedestrian safety around the world[R]: World Health Organization, 2014.

［47］Regional Action Plan for Violence and Injury Prevention in the Western Pacific (2016－2020). World Health Organization Western Pacific Region, 2014.

［48］Per Nilsen. The how and why of community-based injury prevention: A conceptual and evaluation model［J］. Safety Science，2007,45(4):501－521.

［49］GLENN Welander,Leif Svanstrom,Robert Ekman. Safety Promotion-an introduction (2nd Revised Edition)［R］, Karolinska institutet.Stockholm,2004.

［50］Pierre Maurice, Julie Laforest, Louise Marie Bouchard. Safety Promotion and the Setting-Oriented Approach: Theoretical and Practical Considerations［R］. Quebec Safety Promotion and Crime Prevention Resource Centre, 2008.

［51］The International Life Saving Federation. Drowning Prevention Strategies. A framework to reduce drowning deaths in the aquatic environment for nations/regions engaged in lifesaving［Z］. 2008.

［52］Drinking and Driving：a road safety manual for decision-makers and practitioners ［R］. Geneva: World Health Organization, 2007.